全国水文勘测技能培训系列教材

水文资料整编

水利部水文局　组织编写
罗国平　主　编
周永德　王永东　副主编
林祚顶　主　审

中国水利水电出版社
www.waterpub.com.cn
·北京·

内 容 提 要

本书是“全国水文勘测技能培训系列教材”的其中一本，针对水文系统基层职工的现状及新形势下对水文技能人才的需求情况，结合水文资料整编的新技术和新方法，系统介绍了水文资料整编的基本方法和基本原理。全书内容包括绪论、水位资料整编、流量资料整编、泥沙资料整编、降水量资料整编、水面蒸发量资料整编、计算机在资料整编中的应用等。

本书可作为水文系统基层职工培训教材，也可供从事水文工作的技术人员参考使用。

图书在版编目（CIP）数据

水文资料整编 / 罗国平主编 ; 水利部水文局组织编写. -- 北京 : 中国水利水电出版社, 2017.5(2025.1重印). 全国水文勘测技能培训系列教材
ISBN 978-7-5170-5452-8

Ⅰ. ①水… Ⅱ. ①罗… ②水… Ⅲ. ①水文资料－技术培训－教材 Ⅳ. ①P337

中国版本图书馆CIP数据核字(2017)第127499号

书 名	全国水文勘测技能培训系列教材 **水文资料整编** SHUIWEN ZILIAO ZHENGBIAN
作 者	水利部水文局 组织编写 主编 罗国平 副主编 周永德 王永东 主审 林祚顶
出版发行	中国水利水电出版社 （北京市海淀区玉渊潭南路1号D座 100038） 网址：www.waterpub.com.cn E-mail：sales@mwr.gov.cn 电话：(010) 68545888（营销中心）
经 售	北京科水图书销售有限公司 电话：(010) 68545874、63202643 全国各地新华书店和相关出版物销售网点
排 版	中国水利水电出版社微机排版中心
印 刷	北京市密东印刷有限公司
规 格	184mm×260mm 16开本 10印张 238千字
版 次	2017年5月第1版 2025年1月第3次印刷
印 数	6001—9000册
定 价	**38.00元**

编 委 会

主 编 单 位

水利部水文局

扬州大学

致 谢 单 位

长江水利委员会水文局
黄河水利委员会水文局
淮河水利委员会水文局
珠江水利委员会水文局
太湖流域管理局水文局
天津市水文水资源勘测管理中心
辽宁省水文局
黑龙江省水文局
吉林省水文水资源局
上海市水文总站
江苏省水文水资源勘测局
浙江省水文局
安徽省水文局
河南省水文水资源局
湖北省水文水资源局
湖南省水文水资源勘测局
广西壮族自治区水文水资源局
贵州省水文局
陕西省水文局
甘肃省水文局
青海省水文局
水利部南京水利水文自动化研究所

序

为满足我国经济社会发展对水文的新要求，近年来水文服务范围不断扩大，水文现代化建设突飞猛进，水文监测能力不断提升，水文的基础作用和支撑能力明显增强，我国的水文事业取得了跨越式的发展。

水利部一直以来高度重视水文人才队伍建设，持续不断地开展人才培养和培训工作，不断提升水文队伍素质。近年来，随着水文事业不断发展，水文先进技术和仪器设备不断得以应用，在新形势、新需求下，水文人才培养尤为重要。为适应新时期水文事业的发展需求，2014年伊始，在水利部人事司的指导下，水利部水文局主持并启动了水文勘测技能培训系列教材的编撰工作。

为使该系列教材更有针对性，更具实用性，水利部水文局联合扬州大学在全国水文系统进行了广泛调研，又邀请了数十位专家、教授和技术能手，对水文勘测工作和任务进行了深入的分析和研究，参考借鉴了国际上流行的能力本位教育模式（Competency Based Education，CBE），按照我国人力资源和社会保障部组织制订的国家职业技能标准《水文勘测工》的有关要求，结合近年来水利部人事司、水利部水文局在扬州大学联合主办的水文职业技能培训情况和我国水文职工队伍现状，特别是根据新时期水文勘测工作所承担的职责和具体任务，编写了水文勘测技能培训教学的课程体系框架，以及各门课程教材的编写大纲。在此基础上，按计划编撰出版各门课程的教材。

这套培训教材体系完整，在阐述应知的理论知识基础上，突出实践与应用，突出新技术、新方法、新设备、新仪器的应用，针对性强，并具有一定的前瞻性，宜教宜学，紧密贴合水文勘测岗位情况，能满足新技术发展的要求，适用于水文行业职业教育和在职职工培训，也适用于大专院校相关专业师生学习参考，并可作为全国水文勘测技能竞赛培训教材。

希望这套培训教材的面世，能为全国水文职工培训和自学创造更好的条件，促进我国水文行业优秀人才不断涌现，推动我国水文事业不断发展。

编委会

2016年3月

前　言

《水文资料整编》是"全国水文勘测技能培训系列教材"的分册之一。本系列教材的编撰，以提高技术、技能为主旨，力图反映最新科技的发展，贯彻执行新的技术标准，突出新技术、新方法、新设备、新仪器的应用；理论以必需、够用为度，突出实践与应用，适当拓展，具有一定的前瞻性；循序渐进，图文并茂，示例丰富，宜教宜学。

本分册与全日制本科教材和以往的水文职工培训教材相比，在内容上有很大调整。以往大多数教材习惯把水文资料整编内容与水文测验合成一册，考虑到应用需要和使用方便，本教材将水文资料整编内容独立成册。同时，一改以往教材中计算实例较少的情况，增加了水文资料整编的实例分析、整编计算表及整编成果表等特色内容。

本分册共分7章。第1章绪论，第2章水位资料整编，第3章流量资料整编，第4章泥沙资料整编，第5章降水量资料整编，第6章水面蒸发量资料整编，第7章计算机在资料整编中的应用。每章均有小结、思考与练习。

本分册由扬州大学罗国平任主编，辽宁省水文水资源勘测局周永德、江苏省水文水资源勘测局王永东任副主编。扬州大学李帆参与编写。水利部水文局林祚顶担任主审。

本分册的编写得到多方指导、支持与帮助。水利部水文局和扬州大学水利与能源动力工程学院予以精心组织；水利部水文局张建新处长、王晓平教授，长江水利委员会水文局陈松生总工，辽宁省水文水资源勘测局李里副局长，湖北省水文水资源局余平佬副处长，江苏省水文水资源勘测马倩副局长，上海市水文总站宋政峰副总工，重庆市水文水资源勘测局邱鹏副局长等，对本分册的编写提出了具体的修改建议，并给予了详细指导。江苏、上海、辽宁、陕西、贵州、甘肃、青海等省（直辖市）水文局（水文总站）为本分册的编写提出了许多宝贵建议并提供第一手资料；扬州大学杨诚芳教授在教材编写的各个环节均给予了具体指导；中国水利水电出版社李亮分社长、刘佳宜编辑对分册的编辑和出版给予了大力支持。在此，一并表示诚挚感谢。

在本分册的编写中，参考和引用了一些专著、教材和技术文献，都尽量列于参考文献中，但难免有遗漏，在此谨向所有原作者表示谢意。

由于编者水平所限，书中难免存在不妥之处，敬请专家和广大读者批评指正。

编　者

2017 年 4 月

目　录

第1章 绪　　论

1.1 水文资料整编的目的和意义

水文资料整编就是将测站收集的原始资料，按科学的方法和统一的规格进行考证、整理、分析、统计、审查、汇编、刊印和储存的全部技术工作。

各项原始资料，是基层水文测站职工在外业测验中测取和调查得来的，篇幅浩繁，只有一份。部分资料在时间上是离散的、片断的，彼此独立的资料，其数值只能代表观测时的瞬时情况，且一些在测验过程中的数据，又是没有使用意义的。同时，由于天然和人为的影响，存在一定的测验误差甚至计算错误，或是测验设备上的故障及观测人员的过失，贻误观测时机，造成资料的局部中断、缺测等情况。

因此，每年年终，各水文测站都要在“四随”（随观测、随计算、随分析、随整理）工作的基础上，经过审核、查证，按照统一的标准和规格进行资料整编。整编的初步成果，还要经过审查、复审，并进行全流域或全水系上下游、干支流、各测站同项资料的综合合理性检查，以求达到各方面的平衡或协调，保证水文资料的准确性和一致性。最后再以水文年鉴的形式刊印成册或者以规定的表结构形式存入数据库，使之便于应用和长期保存，并为防汛、抗旱、水利建设、水资源管理和保护、国防、科学研究及其他国民经济建设服务。没有经过整编的水文资料是不可靠、不完整、不连续的，使用部门不能够直接使用或使用起来存在着一定的风险。

水文资料来源于测站，测验是整编的基础，其质量的好坏对以后各阶段的工作影响很大。只有测验质量符合要求，才能整编出精度可靠的成果；测验质量不高，不仅会造成整编上的困难，而且也很难得出理想的成果。资料整编可以说是测验工作的总结和继续，通过整编，可以对原始资料去伪存真，检查和指导测验。如发现测验中的问题，提出改进测验的意见，可以提高测验水平；反过来，通过测验又可以检验整编方法是否合理。二者有机联系，相互促进。所以，资料整编是水文工作的一个重要组成部分，也是水文测站的日常工作之一，必须予以足够的重视。

1.2 水文资料整编的工作任务

水文资料整编的项目，包括各类测站定位观测的各项成果（不包含地下水和水质项目），以及对定位观测有重要补充作用的水文调查资料。因此，资料整编项目可概括为河、湖、堰闸、水库、潮水等的水位、流量、输沙率、泥沙颗粒级配、水温、冰凌、降水、蒸发和水文调查等。

从原始资料整理开始，到水文年鉴的刊印成册，要经过在站整编、审查、复审和汇编

4个工作阶段。各阶段的工作任务叙述如下。

1. 在站整编阶段

在站整编工作由水文站或水文勘测队负责完成，条件不具备时也可在地、市水文部门和流域机构的水文二级机构的指导下完成。主要内容包括：

（1）测站考证。包括测站说明表和位置图、水文站以上（区间）主要水利工程基本情况表和分布图、陆上（漂浮）水面蒸发场说明表及平面图。

（2）对原始资料进行审核。审核原始资料的目的在于全面消除错误，统一规格。审核时，着重检查资料的插补，日平均值的计算及各项特征值的统计有无错误，必要时，对计算数字可部分抽算或全部重算一次。

（3）确定整编方法、定绘水位-流量关系曲线及检验。

（4）数据整理、计算机输入及编制图表。

（5）单站合理性检查。

（6）编写单站资料整编说明，并进行单站资料质量评定。

在站整编是整编工作的重要环节，是资料整编工作的基础。因此，测站对各项原始资料和整编图表必须认真填制，严格校核，把好质量关。

2. 审查阶段

审查工作由地、市水文部门和流域机构的水文二级机构负责完成。主要内容包括：

（1）抽查原始资料。

（2）对考证、定线、数据整理表和数据文件及整编成果进行全面检查。

（3）审查单站合理性检查图表。

（4）做整编范围内的流域、水系上下游站或邻站的综合合理性检查。

（5）进行资料质量评定。

（6）编制测站一览表及整编说明。

审查这一步骤是保证资料质量的重要环节。审查时要着重消灭大的错误，注意解决影响资料使用的大问题。

3. 复审阶段

复审工作由省（自治区、直辖市）水文部门和流域管理机构直属水文机构负责完成。主要工作内容包括：

（1）抽取不少于10%的测站，对考证、定线、数据整理表、数据文件及成果表进行全面检查，其余只作主要项目检查。

（2）对全部整编成果进行表面统一检查。

（3）复查综合合理性检查图表，进行复审范围内的综合合理性检查。

4. 汇编阶段

汇编工作由汇刊机关主持、有关单位参加共同完成。主要包括以下工作内容。

（1）资料审查。

（2）综合说明资料编制。

1.3 水文资料整编的基本要求

水文资料整编工作的基本要求如下。

1. 尊重原始

原始资料是整编的第一手资料，是整编的基础，所以整编过程中要尊重原始资料，在没有找出充分的理由或没有进行仔细的分析时，不要轻易修改剔除原始资料。

2. 合理安排工作程序

对于一站的各项资料来说，可以从降水量、水位等基本资料开始整编，再依次整编流量和泥沙资料；以某项资料来说，首先要考证清楚，确定合理的整编方法，再做推算制表工作。避免由于前一工序产生错误，引起下道工序大量返工。如水位未经考证而计算日平均值，流量中突出点未经分析批判而定线推流，都会因水尺零点高程变动或定线不当而重新修改计算。

3. 符合测站特性

整编的过程是如实反映水文要素变化规律的过程，因此在整编过程中，要多做调查研究，全面了解测验情况。遇到矛盾问题，要深入调查研究，认真分析，力求采用的整编推算方法正确合理，符合测站特性等。

4. 严格工序

原始资料都必须经过初作、一校、二校 3 道工序，才能进行整编。对于考证、定线、推算、制表及计算机整编的数据加工表，录入数据文件等也都须做齐 3 道工序。

5. 做好日常工作

测站原始资料的校核，各种过程线、关系图的点绘，实测成果表的编制，以及对资料的初步分析等工作，都要在测站随时进行或分阶段去完成，给年终整编创造条件。

6. 认真执行规范

水文资料整编规范是统一全国水文资料整编的技术标准，是保证资料质量所必须遵循的规定。只有认真贯彻规范标准，才能达到统一标准，统一规格，保证整编质量。在整编过程中应严格按照规范去做，各项表格必须按照规范填制，不能任意更改。

7. 质量符合标准

经过审查以后的成果质量定性标准要达到：项目完整，图表齐全；考证清楚，定线合理；资料可靠，方法正确；说明完备，规格统一；数字准确，符号无误。成果数字质量标准要达到：无系统错误（无整编方法错误，无连续数次、数日、数月或影响多项、多表的错误）；无特征值错误；其他数字错不超过 1/10000。

1.4 水文资料整编的发展历程

民国时期的水文资料编印多系实测记录，少数虽编为年统计格式，也只是由实测且断断续续的资料表面统计的特征值，未经系统的整理和合理性鉴别，刊布的形式和规格也不统一，内容为逐年（或多年）水位和雨量资料的月年特征值统计表等。

1949年以后，对此前的历史资料和1950—1955年资料进行系统的整编刊印，项目有水位、流量、含沙量、降水量、蒸发量5项。1956年，水利部颁布了具有规范性的《水文资料审编刊印须知》，以后陆续增加泥沙颗粒级配、水温、水化学、地下水等项目，采用全国统一的《中华人民共和国水文年鉴》形式整编刊印。1964年，水利部颁发《水文年鉴审编刊印暂行规范》。

水文年鉴逐年刊布，它提供当年有普遍使用价值的基本水文资料，这些资料是实测的而且经过整理和审查汇编等加工过程，然后用统一的、科学的形式刊布出来。全国水文年鉴统一编排卷册，卷册的划分以流域水系为主要依据，适当考虑省区汇刊和使用资料的方便。我国按流域或地区分为十个区域，每个区域的水文年鉴为一卷，自北向南、自东而西编排卷号；每个区域再按水系划分为一些小的区域，每个小的区域的水文年鉴为一册，自上游向下游编排册号。全国共10卷，75册。

在20世纪70年代之前，我国水文资料整编主要是通过人工的方法进行计算、摘录、绘制图表和确定水位-流量关系线。从20世纪70年代初中期，长江水利委员会、黄河水利委员会等单位用ALGOL-60语言开始尝试用计算机进行资料整编。到80年代中后期，在计算机应用FORTRAN语言编程，全国形成了比较系统的整编软件，主要有降水、水位、泥沙、蒸发、流量等要素整编软件，并在全国推广应用。但由于中国大多数河流水位-流量关系不稳定、复杂，均需水位-流量关系单值化处理，导致流量整编工作复杂，采用的定线方法较多，实现计算机整编难度很大。一般是人工定线后，把相关过程和关系的数据录入计算机后，进行整编。

到20世纪90年代初期，随着微机普及应用，在DOS系统下，应用BASIC语言，开发了第二代整编程序。2000年左右，长江水利委员会、安徽、辽宁、山东等流域、省水文局组织技术人员开发在Windows系统下应用VB和VC第三代整编软件，并取得成功。2002年后，水利部水文局结合水文年鉴复刊和贯彻新的整编规范需要，分别委托长江水利委员会水文局和黄河水利委员会水文局牵头组织开发适合南方片、北方片资料整编需要的统一的整汇编软件。目前整汇编软件已处于应用阶段，其主要功能有：GIS平台功能、系统管理功能、水文资料整编功能、图形处理功能、汇编功能、图形分析及特征值统计功能。同时系统还提供了水位、流量、输沙率、悬移质泥沙颗粒级配、降水量等要素生成各站特征值统计对照表格，便于用户对某区域各站水文特征值进行分析。该系统功能较为全面、界面友好，较好地满足了当前水文资料整编生产应用的需要。

现在，水利部水文局正在整合南方片和北方片程序，使其成为全国通用的整编系统，并将具有网络在线整编、存储和传输功能。

本 章 小 结

水文资料整编就是将测站收集的原始资料，按科学的方法和统一的规格进行考证、整理、分析、统计、审查、汇编、刊印或储存的全部技术工作。经过整编后的水文资料，能够更好地为防汛、抗旱、水利建设、水资源管理和保护、国防、科学研究及其他国民经济建设服务。

各项原始资料，是水文站在外业测验中测取的，是离散的、片断的，彼此独立的资料，其中甚至还夹杂着记录和计算错误。整编就是检验真伪，加工制作的过程，并且还担负着发现测验问题、提出改进测验意见的任务。所以测验与整编密切相连，相互促进。

从原始资料整理开始，到水文年鉴的刊印成册，要经过在站整编、审查、复审和汇编四个工作阶段，各阶段都包含各自的工作任务。

水文资料整编工作的基本要求：尊重原始资料、合理安排工作程序、符合测站特性、严格工序、做好日常工作、认真执行规范、质量符合标准。

思考与练习

1.1　水文资料整编的目的和意义是什么?

1.2　详细叙述水文资料整编各阶段的工作任务。

1.3　水文资料整编的基本要求是什么?

第2章　水位资料整编

水位资料整编是流量和泥沙资料整编的基础。按现行的整编方法，大多数站的流量、泥沙整编都依赖于水位，水位整编中的差错将导致流量泥沙等资料整编的一系列差错。

2.1　概　　述

2.1.1　工作内容

水位资料整编的工作内容包括河道站水位资料整编，潮位资料整编，附属项目水温、岸温资料整编等。

河道站水位资料整编的内容主要有：考证水尺零点高程，绘制逐时或逐日平均水位过程线，数据整理，编制逐日平均水位表、水位站编制洪水水位摘录表，进行单站合理性检查及综合合理性检查，编制水位资料整编说明表。

潮位资料整编的内容主要有：逐潮高低潮位整编，逐日最高最低潮水位整编，逐日平均潮水位整编，观测不全的潮位整编，整编逐潮高低潮位表（或逐时潮位表）和潮位月年统计表（或逐日最高最低潮位表），进行单站合理性检查及综合合理性检查，编制潮位资料整编说明表。

水温、岸温资料整编内容主要有：编制逐日水温、岸温表，进行单站合理性检查及综合合理性检查，编制水温、岸温资料整编说明表。

2.1.2　工作目标

按照一定的方法和技术标准，对水位资料进行整编，使整编工作达到一定的目标，主要目标成果有：水尺零点高程考证表，逐时或逐日平均水位过程线图，逐日平均水位表，水位站洪水水位摘录表，潮位过程线图，逐潮高低潮位表和潮位月年统计表，潮汛水位摘录表和风暴潮摘录表，逐日水温、岸温表，资料整编说明表等。

2.1.3　基本步骤

首先，对水位资料进行校核分析，并对水尺零点高程进行考证分析；其次，对缺测资料进行插补，在此基础上采用一定的整编方法进行水位资料整编，得到有关整编成果；最后，对资料进行合理性检查，并编制水位资料整编说明表。

2.2 水位资料校核与插补

2.2.1 资料的校核与审查

1. 水尺零点高程的考证

引起水尺零点高程变动的原因较多，如水准点高程变动、水准测量错误、水尺本身被碰撞或冰冻上拔等。考证时，要对本年水尺零点高程的接测和校测记录全面了解，列表比较，查明有无变动。如有变动，要分析变动的原因和日期，以确定两次校测间各时段采用的水尺零点高程。当水尺零点高程发生大于10mm的变动时，应对有关水位进行改正。

考证时，可按下述步骤进行。

(1) 将本年各次水尺校测记录进行整理，填写水尺零点高程考证表，列表登记各次校测日期，水尺零点高程，引据水准点，校测结果及其他有关情况。形式见表2.1。

表2.1　水尺零点高程考证表

水尺编号	上期最后考证水尺零高				原用水尺零高/m	水尺零点高程校测/m							采用高程/m	水尺零高启用或变动日期			引据水准点		基面名称	变动原因或说明
	年	月	日	高程/m		年	月	日	往测高程	返测高程	平均高程	允许不符值		年	月	日	编号	高程/m		
附注																				

制表：　　　　一校：　　　　二校：　　　　初审：　　　　复审：

(2) 结合水准点考证结果，分析水尺零点高程变动原因和测量误差情况。如本次校测高程与原用的水尺零点高程相差不超过本次测量的允许误差，或虽超过但小于10mm时，其水尺零点高程仍采用原用高程。否则，应分析水尺变动的原因及日期：一般可绘制逐时水位过程线或本站与邻站的水位相关曲线加以分析；水尺零点高程的变动可能是突变，也可能是渐变。如被漂浮物或船只碰撞，属突变，受结冰上拨则属渐变。根据不同情况，分析确定每支水尺两次校测期间应采用的水尺零点高程。

2. 原始资料的审核

为了保证质量，应对水位原始资料进行全面审核，审核时以水位记载簿为依据，检查每支水尺使用的日期及零点高程是否正确，换读水尺时，两支水尺计算的水位是否衔接，抽检水位计算正确性，审查水位的缺测、插补、改正是否妥当，日平均水位的计算及月、年极值的挑选有无错误，以及对河干、断流情况处理是否合理等。

在审核水温、岸温资料时，对观测读数、器差订正、最高最低值等进行审核。

2.2.2 资料的插补

当遇到某些特殊原因水位短时间缺测时，如果条件许可，应根据不同情况，选用不同的方法进行插补。

2.2.2.1 缺测水位的插补

1. 直线插补法

当缺测时间内水位变化平缓，或虽变化较大，但呈一致的上涨或下落的趋势时，可按缺测时段两端的观测值按时间比例内插求得。另外，用面积包围法计算日平均水位时，如0时或24时无实测水位，亦可用此法进行插补。

2. 过程线插补法

当缺测期间水位有起伏变化，如上（或下）游站区间径流增减不多、冲淤变化不大、水位过程线又大致相似时、可参照上（或下）游站水位的起伏变化，勾绘本站过程线进行插补。洪峰起涨点水位缺测，可根据起涨点前后水位的落、涨趋势勾绘过程线插补。

3. 相关插补法

当缺测期间的水位变化较大，或不具备上述两种插补方法的条件，且本站与相邻站的水位之间有密切关系时，可采用此法插补。相关曲线可用同时水位或相应水位点绘。如当年资料不足，可借用往年水位过程相似时期的资料。

2.2.2.2 缺测潮位的插补

当潮位观测资料有短暂性、偶发性缺漏测时，可以按照《感潮水文测验规范》（SL 732—2015）的规定要求进行插补、添加插补符号，并在有关表的附注栏内说明缺漏测的原因和插补方法。

1. 曲线拟合方式插补潮位过程线

在站距合理的情况下，可以通过本站上游、下游各一个站与本站三站潮波传播规律，在上下两站过程线之间合理均衡拟定本站过程线，以拟定的过程线插补缺测时段的潮位。潮波传播规律具备利用条件时，相邻河的站也可利用来进行插补。

（1）缺漏测时间较短，缺测段内仅缺漏一个高潮或低潮，采用本站前后各3个相应潮的潮位，绘制过程线，在前后相应潮过程线之间合理均衡拟定本段过程线，以拟定的过程线插补缺测时段的潮位。

（2）通过潮位过程对应关系良好的相邻站，用该站的与本站缺漏测时段同一潮次的实测潮位过程线为参照，在与本站缺漏测时段水情条件基本相同的历史资料中，寻找出相同或相近的历史潮位过程线，再以其同一潮次的本站历史实测潮位资料，直接借用或作适当的几何变形后插补潮位。

2. 最高最低潮位及潮时的插补

按照逐潮高低潮位类型整编的站，最高、最低潮位及潮时可以直接插补。

（1）缺漏测少于一日长度的，以相应前后潮的最高或最低潮位、潮时，连时序分析进行插补，并与相邻站进行多站综合分析，作水面线合理性检查。

（2）连续多日缺漏测的，应以缺漏测时间前与后的水情基本一致的上下游、相邻河站的资料，建立相关关系进行最高、最低潮位及潮时的插补。根据需要，高潮或低潮可分别采用不同的相邻站进行分析插补。插补方案对实测数据的检验，90%以上的潮位较差应不超过 3cm，90%以上的潮时较差应不超过 15min，并与相邻站进行合理性检查。

3. 测站按照逐日平均潮水位类型整编的潮位插补

（1）一日内缺测时间较短的，应通过水情基本一致的上下游、相邻河站，对照各站潮位过程线，综合分析缺测时段与未缺测时段平均潮位与日平均潮位的比值，确定插补时段的平均水位，不再进行整点、半点、甚至既定测次的插补。

（2）连续多日缺漏测的，应根据缺漏测前后、水情基本一致的上下游、相邻河站的日平均潮水位进行分析，建立相关关系直接插补日平均潮水位，不再进行整点、半点、甚至既定测次的插补。插补方案对实测数据的检验，日平均潮位的较差应有 90%以上不超过 2cm，并与相邻站对比进行合理性检查。

（3）当日平均潮水位处于比较平稳的时期，本站及上下游、相邻河站的日平均潮水位变化平缓，日内没有显著的潮水位变动的，可直接按本站前后日的逐日平均潮水位以过程线内插或插值计算内插的方法，直接插补日平均潮水位，不再进行整点、半点、甚至既定测次的插补。

4. 测站按照逐日最高最低潮位类型整编的潮位插补

按照逐日最高最低潮位类型整编的测站，应以相邻站资料建立相关关系作插补，如相关分析有困难的，可按相邻多站综合分析估算推定，在表的附注栏内注明。

5. 潮位资料插补符号的使用

（1）因计时停止，但高、低潮位记录仍可分辨确定的，只插补潮时，并仅对潮时加插补符号，潮位不作插补符号。

（2）因设备阻尼等造成潮位不正，但变异变形的记录结果可以反映潮时实际变化的，只插补潮位，并对潮位加插补符号，潮时不作插补符号。

（3）逐时潮位的插补结果，仅对潮位加插补符号，潮时不作插补符号。

（4）高、低潮的连续插补，应逐一作插补符号；逐时潮位连续插补较多，超过 24h 的，可在表的附注栏统一说明插补起止时间，表内不作插补符号，但其间的高、低潮依然需要作插补符号。

2.3 河道水位资料整编

2.3.1 日平均水位计算

日平均水位是指在某一水位观测点一日内水位的平均值。资料整编时还要计算旬、月、年的平均水位。日平均水位计算，主要采用算术平均法和面积包围法。具体内容，参见本系列教材中《水文测验》分册的有关内容。

2.3.2 特征水位统计

逐日平均水位表要求表列全年的逐日平均水位，各月与全年的平均水位和最高、最低水位及其发生日期。有的测站还需统计出各种保证率水位。表2.2为逐日平均水位表表式。

表2.2　××河××站逐日平均水位表

表内水位(冻结基面以上米数)±×××m=　××基面以上米数

<table>
<tr><th colspan="2">月份
日期</th><th>1</th><th>2</th><th>3</th><th>4</th><th>5</th><th>6</th><th>7</th><th>8</th><th>9</th><th>10</th><th>11</th><th>12</th></tr>
<tr><td colspan="2">1
2
3
⋮
29
30
31</td><td></td><td></td><td></td><td></td><td></td><td></td><td></td><td></td><td></td><td></td><td></td><td></td></tr>
<tr><td rowspan="5">月统计</td><td>平均</td><td></td><td></td><td></td><td></td><td></td><td></td><td></td><td></td><td></td><td></td><td></td><td></td></tr>
<tr><td>最高</td><td></td><td></td><td></td><td></td><td></td><td></td><td></td><td></td><td></td><td></td><td></td><td></td></tr>
<tr><td>日期</td><td></td><td></td><td></td><td></td><td></td><td></td><td></td><td></td><td></td><td></td><td></td><td></td></tr>
<tr><td>最低</td><td></td><td></td><td></td><td></td><td></td><td></td><td></td><td></td><td></td><td></td><td></td><td></td></tr>
<tr><td>日期</td><td></td><td></td><td></td><td></td><td></td><td></td><td></td><td></td><td></td><td></td><td></td><td></td></tr>
<tr><td colspan="2">年统计</td><td colspan="12">最高水位　　月　日　　最低水位　　月　日　　平均水位</td></tr>
<tr><td colspan="2">各种保证率水位</td><td colspan="12">最高 | 第15天 | 第30天 | 第90天 | 第180天 | 第270天 | 最低</td></tr>
<tr><td colspan="2">附注</td><td colspan="12"></td></tr>
</table>

(1)表头所列"表内水位(冻结基面以上米数)±×××m=××基面以上米数",将绝对基面与本站采用的本年最后一次测算的冻结基面的高差填入等号之前,并在等号后注明绝对基面的名称,或"假定""测站"字样。

(2)逐日平均水位填写要求。按规定几日观测一次水位或水位停测的站,停测之日的日平均水位栏空白。有缺测、欠准、插补、断面干枯、连底冻、停滞、逆流等情况时,应加注符号或文字说明。

(3)月、年统计:

1)月(年)平均水位的计算。月(年)平均水位用全月(年)日平均水位总数和除以全月(年)天数求得。当发生河干、连底冻或记录不全时,不宜计算月(年)平均水位,应在该栏填写"河干""连底冻"或"部分河干"等。

2)月(年)最高(低)水位统计。月最高(低)水位在全月瞬时水位记录中挑选最高(低)水位及其发生日期。当最高、最低水位出现数次时,应挑选最初出现的一次填入。当本月记录不全时,应在所选特征水位数值上加"( )"。当发生河干或连底冻现象时,应在最低水位栏填记"河干"或"连底冻"及其发生日期。当一月内"河干"及"连底冻"现象都有发生时,最低水位栏可只填"河干"。年最高(低)水位在全年各月最高

（低）水位中挑选。

3）各种保证率水位统计，可根据需要进行统计，一经统计应保持此表的连续；资料不全的站，可不进行统计。

一年中日平均水位高于和等于某一水位值的天数，称为该水位的保证率。例如保证率为15天的水位为236.50m，就是指该年中有15天的日平均水位高于或等于236.50m。一般在有航运的河流上，要求统计部分测站的各种保证率水位。其做法是对全年各日日平均水位由高到低排序，从中依此挑选第1、第15、第30、第90、第180、第270及最后日对应的日平均水位，即为其保证率水位。

4）附注说明应包括：整编采用的观测资料，对水位有显著影响的现象。如冰塞、冰坝的形成或崩溃，水库冲决、堤防决口等；基本水尺断面迁移日期、方向和距离；停测或撤销、恢复观测的日期；资料缺测、欠准、插补、改正及作废的情况；资料在观测和整编方面影响成果质量的问题。

2.3.3 水位摘录

洪水涨落较急剧，日平均水位不能准确表示水位变化过程而又需要水位过程资料的水位站，需要编制此表。洪水水位摘录表是洪水水文要素（水位、流量、含沙量）摘录表的一部分，具体摘录方法和原则见本书3.3节有关内容。

水位固态存储数据摘录方式有按月摘录、固定段次摘录和补充摘录3种可选方式。摘录月报数据或整编数据是从固存原始文本文件中由整编程序自动摘录的；摘录过程按2个层次进行：①按照测站任务书要求或固定段次的基本摘录；②按照参照摘录、插补测流水位、点击摘录等方式的补充摘录。摘录顺序按先基本摘录再补充摘录；先基本站再落差站。水位固态存贮数据摘录完成后通过点绘水位过程线、邻近站资料、段次检查等方式判断水位固存数据摘录是否合理。

2.4 潮位资料整编

潮位站既有设在濒海大陆沿岸的，也有设在濒海岛屿上的，还有设在入海河流的感潮河段（包括河口区与感潮湖荡）的。合理均衡配置测站潮位资料整编的任务及方法，能够系统全面反映感潮地区的潮位变化特征与规律，满足潮汐研究和规划、设计、科研、工程等方面的应用需要。濒海潮位过程是单一的海面潮波变化，与天体引潮力相关；感潮河段的潮位过程则是潮波和径流相互运动的综合结果。从河口上溯，潮汐影响程度递减乃至消失；顺着河流入海，径流大小的影响程度递减乃至消失，径流坡面逐渐坦化。对于感潮河段，潮位的变化是潮波与径流水面波的相互叠加。强感潮的地方潮汐特征显著，径流特征弱甚至不显现；弱感潮的地方，径流特征显著，潮汐影响时有时无；中等潮位资料整编的主要目的是反映潮汐现象，兼顾其他水情的反映。

2.4.1 整编类型及适用条件

不同潮位站的感潮强度、潮位过程规则程度、潮差大小、受径流影响的程度等情况各不相同，测站潮位整编任务的配置、技术方法的确定，需要对水文基本情态从地区整体上加以分析。对于潮位站的潮位资料整编任务，分逐潮高低潮位、逐日最高最低潮位和日平均潮水位3种不同的整编类型。

（1）潮流界以下，潮汐特征显著，高低潮出现较为规则，潮汐规律受上游径流影响较小的站，作逐潮高低潮位的整编。

（2）一日之内，潮位涨落变化明显，但潮位过程不规则，潮位升降复杂或频繁，潮差、历时不具有潮汐特性，潮位变化与天文潮对应不明显的，不适合作逐潮高低潮位整编的站，作逐日最高最低潮位的整编。

（3）圩区内、潮区界与潮流界之间以及潮流界以下潮汐性征不显著或者不规则的站，作逐日平均潮水位的整编。

各种整编类型的站，均同时作逐时潮水位整编。观测不全时，按照有效观测时段摘录，然后进行资料整编。

2.4.2 潮位的摘录与统计

潮位资料整编应在经过合理性检查、客观正常的潮位过程中进行。特征潮位（最高、最低潮）、转折点潮位及其对应潮时，应从实测的潮水位过程或订正后的自记潮水位过程中选取摘录。潮位资料整编应首先对潮水位过程消除波浪和船行波影响，修正仪器性能欠缺的影响，排除故障和环境干扰的影响。

1. 逐潮高、低潮位整编类型的潮位摘录与统计

逐潮高、低潮位是天文潮的最直接、最显性的反映，对潮汐特征显著的站，潮位资料整编的目标是反映天文引潮力的作用，其技术原则是整编结果能够符合天文潮的变化规律。要充分分析和准确辨别在潮位过程中什么是“主波”、什么属于“附载波”，并不能仅仅以水位值的最高或最低作为依据，要过滤非潮汐成因的因素，要善于分析工程调节、地形、洪水、航运、仪器性能等各种影响。在遇到复杂水情影响下，以明确界定“是潮非潮”为准绳，以“单站个性”还是“多站共性”为考量。具体方法如下：

（1）除高潮或低潮发生平潮或停潮，以及异常潮位过程外，均应按实际最高最低潮位选取。

（2）当高潮或低潮发生平潮或停潮，不超过20min时，可将时段中间位置作为高潮、低潮潮时；超过20min时，应根据前后潮、涨落潮历时、涨落潮间隙及上下游、相邻站的潮位潮时分析，在平潮或停潮时段内选取合理的时刻确定为最高最低潮位的潮时，使之在潮汐规律上基本合理。对于排涝、破圩、闸坝运行等导致出现超长时间平潮或停潮的，也同样处理，并附注说明。

（3）潮位过程线在高潮或低潮时段，出现波动时，应根据涨落潮历时、涨落潮间隙及上下游、相邻站的潮位潮时，分析确定在哪一波峰或波谷选取最高或最低潮位及潮时。当未选作最高或最低的峰或谷潮位，高于月最高潮位或低于月最低潮位的，应在当月附注栏内填记。

（4）当一个潮期内出现两次潮位涨落过程时，应对照前后潮、涨落潮历时及上下游、相邻站潮水位，挑选出现时刻相对合理的高、低潮位及潮时，在当月附注栏内注明另一个峰或谷的潮位和时刻，作必要说明，如可以明确该峰或谷是径流变化、附近水工程运行等因素影响且潮位不为太阴月半月周期内最高或最低的，可不作附注。

（5）当有顶托、回水变动等影响，在高潮或低潮时段出现短时壅起或下落，并可能随潮汛大小、径流大小而起落程度有差异的假高潮、假低潮，不应简单按高低选取，应按合理的高潮或低潮位置选取，潮时在前后潮、涨落潮历时、涨落潮间隙及上下游、相邻站的潮位潮时关系上应合理一致。

（6）当高、低潮的出现时间，相对一般潮周期规律有超前或延后现象时，但无假潮情况发生，应以实际潮时确定，如有工程调节影响但全潮未失潮的，也应按实摘录、加注影响符号，附注说明。

（7）当潮波起伏不明显时，应以“能分辨的应分辨”为原则，只要过程线上可以看出潮位变化的，均应摘录；如潮波完全消失的，出现全落潮或全涨潮的，则不摘录，按失潮处理。

（8）当上游径流无明显变化、仅为潮汛强度变化因素而出现失潮时，失潮不连续的，失潮潮期内不作任何摘录；连续失潮使得全日失潮的，该日不作任何摘录；连续失潮中一日内部分失潮的，失潮时段内不作任何摘录。失潮的高、低潮在逐潮潮位表中的相应位置作空行处理，不计潮别；特定条件下，如果失潮期间水位梯度有较大转折的，可摘录梯度变化转折点，不计潮别。

（9）当因上游径流加强（包括闸坝调控）造成失潮，失潮期间水位有高低变化，但不呈现潮汐特征，应摘录失潮期间转折变化的水位及其对应时刻；连续失潮数天或更长时间的，可只摘录整个失潮过程中水位主体变化的转折点、峰、谷水位及其出现日期和时分；若数日内水位持续单一涨落，摘录每日 0 时的水位。失潮期间摘录的水位（含起止点），均不计潮别。

（10）失潮时段以外正常的高、低潮，均应参与潮差、历时计算，并纳入月年统计；与天文潮不对应的失潮起点和失潮终点，失潮期间的转折点，不参与潮差、历时的计算与统计。

（11）对于复杂特殊的潮位过程，应进行测站潮水位特性与上下游关系分析，形成摘录技术方案。不适合作逐潮高低潮位整编的，更改为逐日平均水位或逐日最高最低潮位整编类型。如潮水位代表性不足，必要时测站应予迁移或裁撤。

（12）当出现溃坝、漫溢、调蓄、阻塞、回荡、壅水等特殊情况时，应按实摘录，进行潮位考证和情况查证，在附注中注明考证情况与结果，详细说明现象发生、工程调度、调蓄等情况，如有可能，说明分流估算量、淹没范围等。

2. 逐日最高最低潮位整编类型的潮位摘录与统计

（1）无工程调节直接或明显影响，潮位呈现较为规则的潮汐现象、逐潮有明显的高低潮时，按照逐潮高低潮位整编类型潮位摘录的方法摘录日内所出现的高低潮；如果还有相对更高或更低的日界水位，不应摘录。

（2）无工程调节直接或明显影响，出现半日潮一潮失潮时，如一日内按照逐潮高低潮位整编类型潮位摘录的方法摘录的正常高低潮已是当日最高、最低，则不再摘录介于之间的其他峰谷点和转折点；如相对于一日内按照逐潮高低潮位整编类型潮位摘录的方法摘录的正常高低潮，在其所在潮期时段以外另有更高或更低的峰谷水位，虽其不具有潮汐特征，仍应将其摘录，但不应摘录相对更高或更低的日界水位，也不摘录转折点。

（3）无工程调节直接或明显影响，出现整日失潮时，宜只摘录当日最高、最低水位，可根据需要摘录其他峰谷水位；对整日包括跨日相连失潮下水位呈现单向变化的，可摘录其转折点水位。

（4）受工程调节直接或明显影响，中低潮位完全失去潮汐情态，但仍可见高潮过程且符合潮汐规律的，摘录高潮，并在两个高潮之间根据变化趋势相宜摘取一个低潮，可根据需要增加受影响段起止点的摘录但填写在备注中。

（5）受工程调节直接或明显影响，中高潮位完全失去潮汐情态，但仍可见低潮过程且符合潮汐规律的，摘录低潮，并在两个低潮之间根据变化趋势相宜摘取一个高潮，可根据需要增加受影响段起止点的摘录但填写在备注中。

（6）受工程调节直接影响，完全没有潮汐情态的，可根据水位变化趋势摘取日内的最高、最低水位，也可根据需要摘录其他转折点水位。

3. 日平均潮位整编类型的潮位摘录与统计

这一类与非感潮河流的水位摘录相同，具体摘录方法和原则见本书3.3节有关内容。

2.4.3　潮位资料的整理与计算

1. 资料整理内容

（1）逐潮高低潮位整编类型的资料整理。根据连续观测的潮水位资料，统计逐潮高低潮位及潮时，计算涨落潮差、涨落历时，进行相应的月年统计，统计逐时潮位，计算月年平均潮位，计算涨落潮及全潮平均水位。

（2）逐日最高最低潮水位整编类型的资料整理。根据连续观测的潮水位资料，统计日最高最低潮位并作月年统计，统计逐时潮位，计算月年平均潮位。

（3）逐日平均潮水位整编类型的资料整理。根据连续观测的潮水位资料，计算日平均水位并作月年统计，统计逐时潮位，计算月年平均潮位。

（4）观测不全的潮位整编类型的资料整理：根据观测时段内连续观测的潮水位资料，统计观测到的高低潮位及潮时，统计逐时潮位，按需要统计潮位保证率。

2. 潮平均水位计算

潮平均水位计算包括涨潮平均水位计算、落潮平均水位计算和全潮平均水位计算。

在进行计算时，全潮平均水位计算的起止时刻为本潮两个相邻最低潮时，涨潮平均水位的起止时刻为开始低潮潮时至高潮潮时，落潮平均的起止时刻为高潮潮时至其后低潮潮时。

对于模拟自记的测站，可在自记过程线上区分涨落潮时段，摘录潮平均水位计算的数据点。摘录时应将概化后的过程线按照水位变化，选取转折点，上凸曲线段应防止“割”误差，下凹曲线段应防止“补”误差。摘录后的任意两个相邻转折点之间的原概化后水位过程线，相对于两个摘录点形成的直线，应基本呈直线，该直线范围内的水位偏离，潮差大于1m的不超过2cm，潮差不大于1m的不超过1cm，且左右分布均衡。

无论人工观测还是数字自记观测，应以全部实测测次数据计算，不能对实测数据抽稀后进行计算。具体计算方法如下。

（1）水位观测测次间隔相等时，按照算术平均法计算。

（2）测次间隔不等时，按照面积包围法计算。面积包围法的计算公式为

$$\overline{Z}=\frac{1}{2\times\sum_{i=1}^{n}\Delta t_i}[(Z_0+Z_1)\Delta t_1+(Z_1+Z_2)\Delta t_2+\cdots+(Z_{n-1}+Z_n)\Delta t_n] \tag{2.1}$$

式中　Δt_1，Δt_2，…，Δt_n——各相邻测次间的时距，min；

Z_1，Z_2，…，Z_{n-1}——各测次的水位值，m；

Z_0，Z_n——时段起始和终了时刻的水位值，m。

3. 日平均潮位计算

（1）起止日界为0：00，当0：00或24：00无实测水位时，应根据前后相邻测次插补求得。

（2）一日内水位观测测次间隔相等时，按照算术平均法计算日平均水位。

（3）一日内水位观测测次间隔不等时，按照面积包围法计算日平均水位。面积包围法的计算公式为

$$\overline{Z}=\frac{1}{2880}[(Z_0+Z_1)\Delta t_1+(Z_1+Z_2)\Delta t_2+\cdots+(Z_{n-1}+Z_n)\Delta t_n] \tag{2.2}$$

式中　Δt_1，Δt_2，…，Δt_n——各相邻测次间的时距，min；

Z_1，Z_2，…，Z_{n-1}——各测次的水位值，m；

Z_0，Z_n——0时和24时的水位值，m。

（4）对于模拟自记的测站，可在自记过程线上摘录日平均水位计算的数据点。摘录的方法与潮平均水位计算时的摘录方法相同。

（5）无论人工观测还是数字自记观测，应以全部测次数据作计算，不应对实测数据抽稀进行计算。

4. 月、年平均潮位的统计计算

月、年平均潮位的统计，按照全月、全年总数作算术平均，或以面积包围法计算。

2.5　水温、岸温资料整编

水温、岸温观测资料是研究各种水体热量变化的基本资料。进行资料整编时，应在对原始观测记录进行审核的基础上，整理水温、岸温逐日值，编制逐日水温、岸温表以及月年统计表。逐日水温表表式，见表2.3。水温单位为℃，其数值保留1位小数。

表2.3　　××河　××站　逐日水温表　　单位：℃

日期＼月份	1	2	3	4	5	6	7	8	9	10	11	12
1												
⋮												
31												

续表

月份 日期	1	2	3	4	5	6	7	8	9	10	11	12
平均												
最高												
日期												
最低												
日期												
年统计	最高水温　　月　日				最低水温　　月　日				平均水温			
附注												

2.6　资料合理性检查

2.6.1　河道水位资料的合理性检查

水位观测资料往往由于自然或人为影响，存在错误或误差，要经过合理性检查发现并改正。水位过程线是合理性检查的主要工具。例如，从时间上看，水位过程线可分为洪水期、平水期、枯水期；从地区上看可分为山区性河流、平原性河流等。不同时期、不同地区河流的水位变化是不同的。但一般天然河道中的水流保持一定的流动规律，水位应具有以下性质：连续性、相似形、相异性、地区性、季节性、反常性等。

1. 单站合理性检查

用逐时或逐日水位过程线分析检查。根据水位变化的一般特性（如水位变化的连续性、涨落率的渐变性、洪水涨陡落缓的特性等）和变化的特殊性（如受洪水顶托、冰塞及冰坝等影响），检查水位的变化是否连续，有无突涨突落现象，峰形变化是否正常，换用水尺、年头年尾与前后年是否衔接；其次检查平水期、枯水期及洪水期的水位变化趋势是否符合本站的特性。必要时可对照上、下游的水位变化情况和上游的降雨情况进行检查。

当上、下游有水工建筑物时，检查水位的变化与其影响是否一致。

对检查出的水位不连续或反常现象，应深入调查、分析原因。可能是由于水准点或水尺零点的变动、观测、记录或计算的错误，断面迁移或换读水尺等方面的错误。应查清原因，予以彻底的处理改正，以提高整编资料的准确性。

2. 综合合理性检查

（1）上下游水位过程线对照。当上下游各站水位之间具有相似的关系时，应进行此项检查。检查时，将上下游站的过程线纵排在一起，比较同时段各站水位变化趋势。若发现水位变化过程不相应，则要分析原因。

在有闸坝的河段上，作闸上下游水位对照时，可点绘平均闸门开启高度过程线加以比较。当闸门全部提出水面时，上下游站水位变化与无闸河段相同。关闸时，下游水位陡落，上游水位陡涨；开闸时情况相反。

（2）特征水位沿河长演变图检查。当一条河流上测站较密，比降平缓，无大的冲淤，绝对基面又一致时，可进行此项检查。

特征水位沿河长演变图，以水位为纵坐标，至河口距离为横坐标，点绘上下游各站同时水位或相应的最高、最低水位，连绘的各水位线应从河源平滑递降到河口。否则，水位或基面高程可能有误。检查时，还可将历年同类的图互相对照。

（3）上下游水位相关图检查。当上下游水流条件相似，河床无严重冲淤，无闸坝影响时，关系图点群应密集成带状。对个别突出点应认真分析其原因。若点群散乱，说明上下游站水位关系不密切，应分析其原因。

2.6.2 潮位资料的合理性检查

1. 单站合理性检查

（1）潮位过程线检查。根据潮位变化的连续性，采用潮位过程线检查有无突涨突落等不合理现象。

（2）潮汐涨落的周期性检查。根据日、月、年中潮汐涨落的周期性进行检查，一般半日周期潮汐的平均周期约为12小时25分钟。河口以内各站，涨潮历时较短而落潮历时较长。日潮不等现象呈有规律性的变化。一般在春分、秋分时期的朔日、望日，日潮不等现象最不显著；而在夏至和冬至附近的朔、望，则最为显著。

（3）洪水期间潮位变化特征检查。在洪水期间，潮位过程受到干扰，应结合洪水大小，分析潮位过程的合理性。在洪水影响下，其主要变化特征有：涨潮历时缩短甚至为零，落潮历时增大；涨、落潮差都变小、甚至没有；洪水越大，或越往上游，潮汐周期现象逐渐减退乃至消失。如果与这些特征不同，则进行原因分析。

2. 综合合理性检查

（1）上下游潮位过程线对照。用各站过程线直接对比。潮差的大小应与距河口的距离成反比，高、低潮位的出现时分则应自下游向上游推迟。涨潮历时越向上游越短，落潮历时与之相反。

检查时要注意强风的影响。在河口三角洲地区，河汊交错，进潮口门较多，要了解潮波传播的方向，作为分析各站高低潮位出现时间顺序的依据。受洪水影响以致一个长时期潮区界下移，当潮汐现象消失时，按河道站的方法进行合理性检查。

（2）各站潮汐特征值的检查。用各站的潮位月、年统计表，将同月份的潮汐特征值排在一起进行比较，检查其合理性。

2.6.3 水温、岸温资料的合理性检查

1. 单站合理性检查

（1）水温、岸温过程线的检查，并与水位过程线对照，主要检查水温变化过程的连续性。

（2）水温变化应是渐变、连续的，并与岸上气温变化趋势大致相应，检查水温变化过程的合理性。

水温变化一般是连续的，并与气温变化趋势大体相应。但水温的变化常落后于气温的

变化，这主要是水的热容量大所造成的。结冰期间，水温一般趋近于0℃，但在矿化度很高的水中，可能要在水温低于0℃时才有冰出现。当遇到洪水、上游水库放水及有污水排入时，检查水温的变化情况。遇有深层地下水补给以及冰川融冰或暴雨形成的洪水，水温均能发生显著的变化。

2. 综合合理性检查

如果一条河流上有两个以上的测站，则可绘制上下游逐日水温过程线进行对照检查。一般情况下，上下游站的水温变化趋势相似，但由于各河段所处的地理位置、气候条件不同，以及在有人工调节或区间有较大水量加入时，可能发生异常情况。

本章小结

水位资料整编是流量和泥沙资料整编的基础。水位资料整编的工作内容包括河道站水位资料整编，潮位资料整编，附属项目水温、岸温资料整编等。

在进行水位资料整编之前，要对水位资料进行校核分析和对水尺零点高程进行考证；并对缺测资料进行插补。然后，采用一定的整编方法进行水位资料整编，得到有关整编成果；对成果进行合理性检查分析。

河道站水位资料整编的主要内容有：日平均水位计算、特征水位统计和水位摘录等；潮位资料整编的主要内容有：根据不同条件选择整编类型、潮位的摘录与统计和潮位资料的整理与计算等；水温、岸温资料整编的主要内容有：整理水温、岸温逐日值，编制逐日水温、岸温表以及月年统计表等。

思考与练习

2.1　怎样对水尺零点高程进行考证？

2.2　水位资料整编有哪些内容？什么是保证率水位？如何挑选保证率水位？

2.3　如何对水位资料整编成果进行单站合理性检查？

2.4　简述用上下游水位过程线进行水位资料整编成果的综合性检查的方法。

2.5　潮位资料整编的类型和适用条件有哪些？

2.6　怎样对缺测的水位资料进行插补？

第3章 流量资料整编

3.1 概述

流量资料是水文资料的重要部分，是防汛抗旱、水资源开发、管理和保护、工程规划设计以及国民经济各部门所需要的基本资料，其用途是极为广泛的。

3.1.1 工作内容

流量资料整编工作主要有以下内容。

（1）编制实测流量成果表和实测大断面成果表。

（2）绘制水位流量，水位面积，水位流速关系曲线。

（3）进行水位-流量关系曲线分析和检验。

（4）确定整编方法：根据测站特性，选用合理的定线及推流方法；对于手工计算，应进行推算制表，满足工序要求；对采用计算机整编，应进行数据整理，填制有关加工表，上机操作。使用流量实时自动监测，实测流量过程数据量较大时，要进行精简摘录，摘录的成果应能反映流量变化的完整过程，并满足计算日平均流量及特征值统计的需要。

（5）编制逐日平均流量表及洪水水文要素摘录表。

（6）绘制逐时或逐日平均流量过程线。

（7）单站合理性检查。

（8）编制流量资料整编说明表。

3.1.2 工作目标

流量的测验工作比较复杂，我们不能像观测水位那样时时刻刻都去施测它，因而难免间断，也就不易了解流量的连续变化情形，必须经过整编推出各时段的流量，才能满足应用的要求。

流量资料整编是根据实测流量，寻求水位、流量之间的关系，以建立正确合理的水位流量关系曲线，有了这种关系，就可由逐日或逐时水位推求逐日或逐时的流量，进而计算出月、年平均流量及各种流量特征值。

在《中华人民共和国水文年鉴》中刊布的有实测流量成果表、实测大断面成果表、逐日平均流量表、洪水水文要素摘录表等流量整编成果。

3.1.3 整编方法和步骤

1. 水位流量关系

一个测站的水位流量关系，是指测站基本水尺处的水位与通过该断面的流量之间的关系。有些测站流量测验并不一定在基本水尺断面进行，只要测流断面与基本水尺断面相距不远，其间无支流汇入或分流，则两处的流量基本上是相等的，仍可直接建立水位流量关系。实测流量的目的，就是为建立正确的水位流量关系提供必要的和充分的点据，同时通过实测流量成果来分析该断面水位流量关系的变化情况。

天然河流中的水位与流量之间有时呈单值函数关系，即同一个水位只有一个相应流量，呈现单一关系，称为稳定的水位流量关系；有时呈现复杂的关系，即受多种因素影响：洪水涨落、断面冲淤变化、变动回水、水草、冰凌等，其水位流量关系曲线多呈不稳定的形态，称之为不稳定的水位流量关系。具体的曲线形态将随水力因素的不同而产生差异，但共同的特点是在同一水位下，将有多个流量值与之对应。

2. 整编方法

流量资料整编的方法很多，从大的分类方法可以归纳为两类。

（1）基本方法：水位流量关系曲线法，这种方法是流量资料整编中最常用、最基本的方法。河渠中水位与流量关系密切，一般都有一定的规律，又因水位过程易于观测。通过建立水位流量关系，用水位过程来推求流量过程既可行、又经济。

（2）辅助方法：如流量过程线法、上下游测站水文要素相关法、降水径流相关法等。

河道站流量资料整编方法还可以分时序型和水力因素法。其中时序型方法主要有连时序法、临时曲线法、改正水位法和改正系数法、洪水绳套曲线法、连实测流量过程线法。水力因素型方法有校正因数法、抵偿河长法、落差法。

堰闸站流量资料整编采用水工建筑物法，主要有流量系数法、相关分析法、效率系数法。

潮流量资料整编方法主要有合轴相关法、定潮汐要素法、一潮推流法、全潮要素相关法等。

3. 整编步骤

进行流量资料整编时，一般采用以下步骤。

（1）搜集、审核原始资料。搜集当年原始资料及历年整编资料，当年雨情、水情和河势、断面、人类活动变化情况等，并对当年各项原始资料进行审查。

（2）点绘各水文要素过程线图。在点绘水位过程线的同时，将实测流量点绘在水位过程线上，检查测次控制情况，有无缺测重要转折点。

（3）编制实测流量成果表和实测大断面成果表。堰闸（或水库涵洞、水电站、排灌站）等测站编制流量率定成果表。

（4）点绘水位流量、水位面积、水位-流速关系图，堰闸站点绘流量系数关系图，检查分析突出点，确定关系曲线。

（5）确定推流方法，编制水位流量关系表或水位-水力因素关系图表，或编制电算加工表，推算逐时逐日量。

（6）编制逐日平均流量表和洪水水文要素摘录表。

（7）流量资料合理性检查。

（8）编制流量资料整编说明表。

3.2　流量资料校核与插补

3.2.1　资料校核

流量资料的校核包括原始资料、过程资料和整编成果表的校核。

原始资料的校核主要就是对实测流量成果的校核。主要检查计算方法是否正确，借用断面是否合理，流速系数（或浮标系数）是否合理，计算结果是否正确、附属项目是否填全等方面。

过程资料校核就是对整编出成果表之前的一切相关图表和说明的校核。主要检查水位-流量关系图点绘是否正确，比例尺是否恰当，水位-流量（面积、流速）关系线是否合理、推流方法是否正确，是否符合本站特性，推流关系表是否正确，电算加工表是否填对，点绘的流量过程线是否正确，计算的逐日平均流量数值是否正确等方面。

整编成果检查就是对整编成果表进行表面统一检查，主要检查流量特征值挑选是否正确，日值与月年极值是否矛盾，摘录表是否漏摘，并进行成果的单站合理性检查，后面章节将详细介绍。

3.2.2　资料插补

流量资料的插补主要是指流量峰谷、峰顶等转折点流量的插补。施测流量时，由于各种人为和自然的原因漏测洪水的峰谷、峰顶或流量变化的转折点，这样就需要进行多种方法进行资料插补。主要有水位流量的高低水延长、曼宁公式、降水径流关系、上下游洪峰流量对照等插补流量方法。

3.3　河道流量资料整编单一线法

3.3.1　整编方法

对于测站控制良好，各级水位流量关系都保持稳定的测站，且定线允许误差符合规范的规定，可采用单一曲线法定线推流。

1. 关系曲线的特征

稳定的水位流量关系，可用曼宁公式加以说明。

$$V=\frac{1}{n}R^{\frac{2}{3}}S^{\frac{1}{2}} \tag{3.1}$$

$$Q=AV=\frac{1}{n}AR^{\frac{2}{3}}S^{\frac{1}{2}} \tag{3.2}$$

式中　V——为断面平均流速，m/s；

Q——断面流量 m^3/s；

R——水力半径 m；

S——水流比降；

n——河道的糙率。

由上式看出，水位流量关系稳定的条件是：在同一水位下，必须使 n、A、R、S 等因素保持不变；或虽然有变化，但能够相互补偿，只有满足上述条件，水位与流量才能成为稳定的单值关系。

要想维持水位流量的单值关系，要使 n、A、R、S 不变，必须有良好的测站控制。

假如在测站附近（通常在其下游）有一个断面或一段河槽，其水力特性能够使得测站的水位流量关系保持单一关系，则这个断面或河段便称为测站控制。测站控制分为河槽控制和断面控制。如测站控制作用发生在一个横断面上，则称为断面控制。如测站控制作用靠一段河槽的底坡、糙率、断面形状等因素的共同作用来实现，称为河槽控制。显然，选择测站时最好能设在形成测站控制的地点或其上游附近。河槽控制一般多发生在河流的下游，依靠具有一定长度的顺直河段，来实现上述目的。断面控制多发生在河流的上游，特别在山区，利用测站下游的有石梁、急滩、卡口、弯道等断面控制，形成临界流。此时水位流量关系成单一关系，而水位面积、水位流速关系可能散乱，但之间可以相互补偿。

由此可见，在测站控制良好、河床稳定的情况下，该测站的水位流量可以保持稳定的单一关系，点绘出的水位流量关系曲线，其点据比较密集，分布成一带状，没有系统误差，如图 3.1 所示。

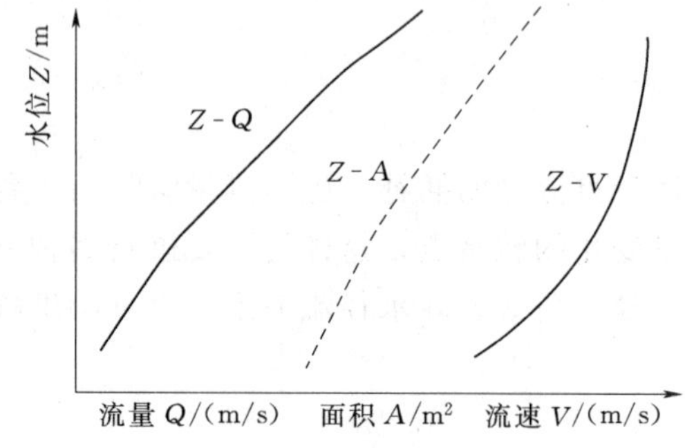

图 3.1　单一曲线的水位流量、水位面积、水位流速关系曲线

（1）水位面积关系曲线。稳定的水位面积关系曲线，是指断面没有冲淤变化，其关系曲线的形态呈单一曲线关系，其重要的特征是关系曲线的斜率等于河宽的倒数。

随着天然河流断面形状的不同，水位面积关系曲线有如下性质。

1）一般河流过水断面水面宽是随水位升高而逐渐增大，关系曲线斜率即水面宽的倒数是逐渐减小的，故水位面积关系曲线为一条凹向横轴的曲线，如图 3.2 所示。

2）当河槽呈上窄下宽，河面宽随水位的升高而减小时，水位面积曲线将出现反曲，如图 3.3 所示。

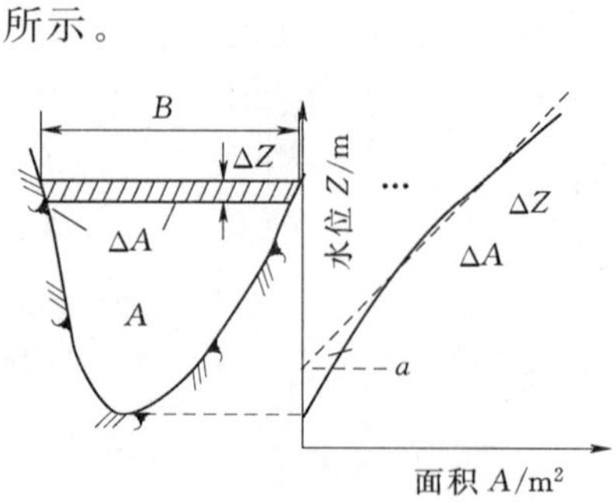

图 3.2　面积曲线的斜率

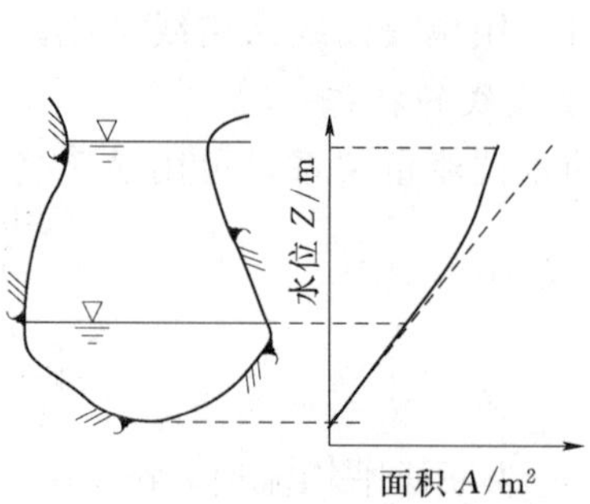

图 3.3　悬崖突出的面积曲线

3）当断面为矩形或 U 形时，由于水面宽等于或接近于一常数，其水位面积关系曲线等于或接近于一条直线，如图 3.4 所示。

4）当河槽为复式断面时，在漫滩水位处，河面宽发生突变，其水位面积关系曲线相应地发生突变，如图 3.5 所示。

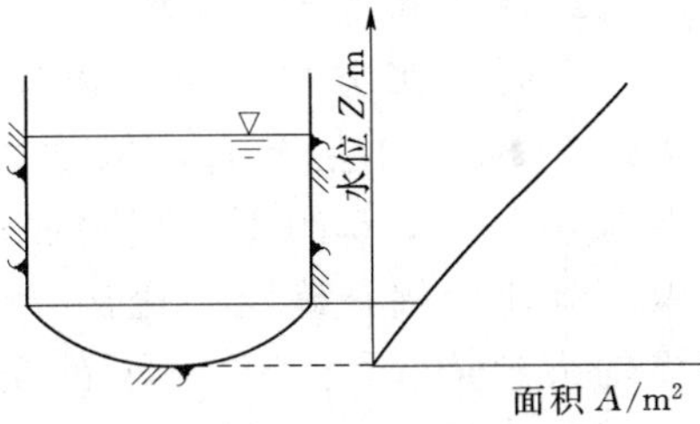

图 3.4　U 形河槽的面积曲线

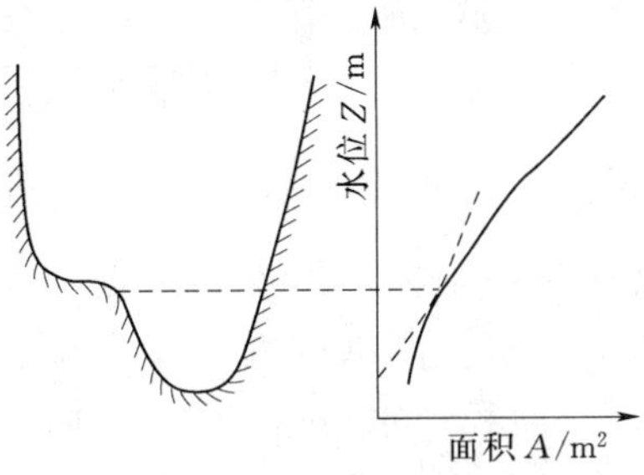

图 3.5　复式河槽的面积曲线

（2）水位流速关系曲线。稳定的水位流速关系曲线为一渐增的凹向纵轴的并以平行纵轴的某一直线为渐近线的曲线，如图 3.6 所示。

当断面有漫滩或深潭时，水位流速关系曲线会出现转折或反曲。断面出现漫滩时，滩地上流速很小，断面平均流速偏小，从而使水位流速关系发生突变和转折，如图 3.7 所示。断面发生深潭时，因断流水位下有死水面积，当水位从断流水位处上涨时，断面平均流速比无深潭时减小很多，使断流水位以上至某一水位级范围内，曲线反曲且偏小，如图 3.8 所示。

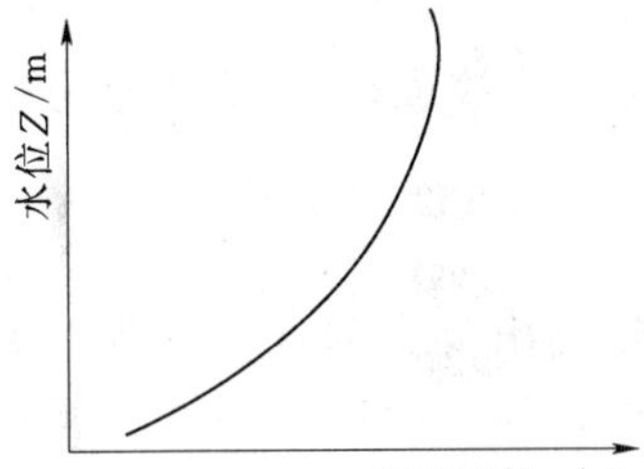

图 3.6　水位流速关系曲线

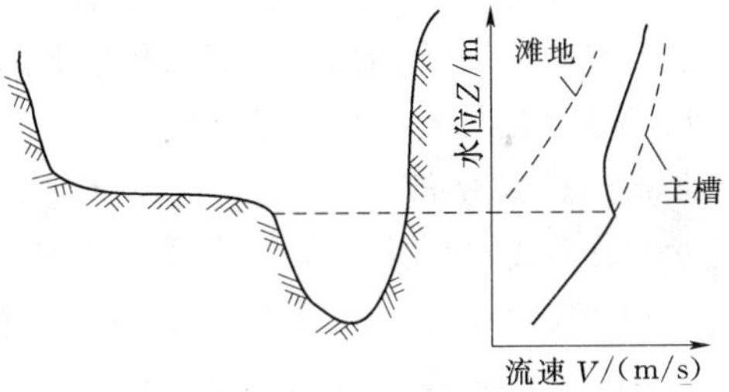

图 3.7　漫滩时的流速曲线

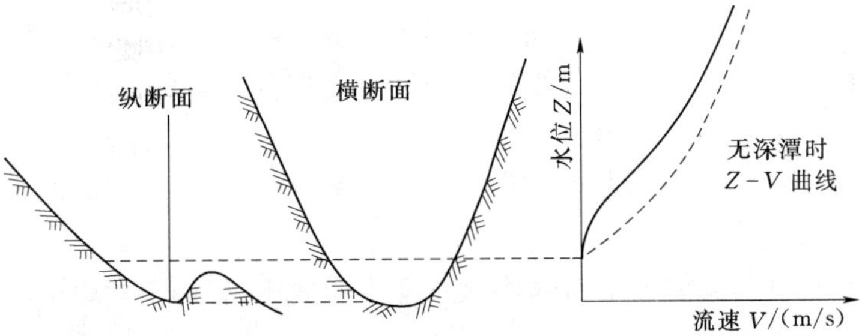

图 3.8　断面有深潭时的水位流速关系曲线

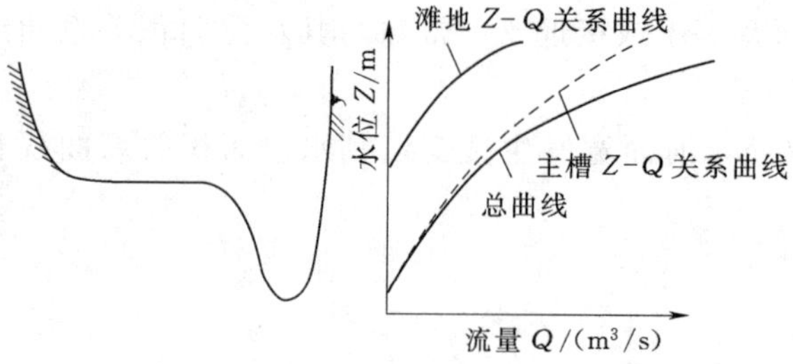

图 3.9 复式河槽的水位流量关系曲线

(3) 水位-流量关系曲线。稳定的水位-流量关系曲线是条逐渐增加且凹向横轴的曲线。当断面发生漫滩或深潭时，也会影响水位-流量关系曲线，出现转折和反曲，如图 3.9 所示。

2. 关系曲线图的点绘

在同一张方格纸上，以同一水位为纵坐标，自左至右，依次以流量、面积、流速为横坐标，点绘实测点：纵横比例尺要选取 1、2、5 的 10 的整数倍，以便方便地读图；根据图纸的大小及水位、流量、面积、流速变幅，确定的比例要使水位-流量、水位-面积、水位-流速关系曲线，分别与横轴大致成 45°、60°、60°的交角，并使三个关系线互不相交；如果测流次数较多，关系线比较复杂的测站，可分期或以洪峰为界，分期点绘关系图，然后再综合绘制一张总图。绘制多张图时要注意各图曲线的互相衔接。

为了分析测点的走向变化，在每个测点的同一水平线以外的一定位置，注明测点序号。测流方法不同的测点，用不同的符号表示（○为流速仪测得的点子；△为浮标测得的点子；▽为深水浮标或浮杆测得的点子；×为用水力学法推算的或上年末、下年初的接头点子）。为保证前后年资料的衔接，在图中还应将上年末和下年初的点子绘入。为了突出重要洪峰的定线，可用不同的颜色作标记。除此之外在关系图上还要注明河名、站名、年份及水位-流量、水位-面积、水位-流速关系曲线标题；在图下方要填写点图、定线、审查者的姓名；三条关系线的纵横坐标及名称都要填写清楚。

一般情况下，水位-流量关系曲线的低水部分，都要另绘放大图，其目的是为保证读图精度。读图的最大误差应小于或等于 2.5%。

3. 突出点的检查分析

突出点就是指在水位流量关系点子分布中，一些比较突出反常的点子，其偏离所定曲线超过了允许的测验误差。对这些点子要进行认真的分析，找出原因。分析是否正确，也是决定水位流量关系曲线和认识测站特性的重要步骤。对一些在定线上关键的点子，往往由于错误的判断，而对水位流量关系曲线的改动很大，返工不少。

(1) 突出点的检查方法。一般从以下几方面去发现突出点：

1) 通过水位-流量、水位-面积、水位-流速三条关系曲线，根据三条关系曲线的一般性质，结合本站特性、测验情况，从线型、曲度、点据分布带的宽度等方面，去分析三条关系线的相互关系，检查偏离原因。

2) 通过本站水位和流量过程线对照，以及在流量过程线上点绘各实测流量的点子，去检查、分析，发现问题。

3) 通过与历年水位-流量关系曲线比较，如果趋势不一致，可能因突出点造成定线不当所致。

根据上述问题的所在，有目的地绘制一些分析图表，分析追查问题的原因。

(2) 分析图表。突出点的分析，常可借助下面几种分析图表。

1）横断面和流速横向分布曲线图。流速的横向分布一般和断面形状相似，主流流速最大，两岸及水深较浅处流速较小。此图可以检查垂线平均流速的合理性，也可进行对比分析，如把突出点的流速横向分布图与相邻测次对比，与不同时期的同水位的正常测次对比等，检查流速有无问题，如图3.10所示。

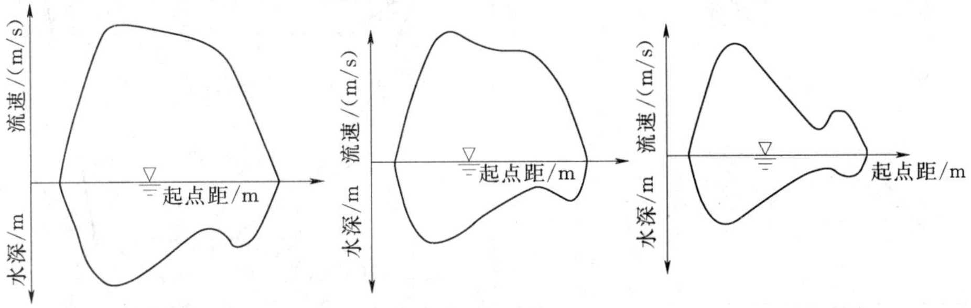

(a) 高水　(b) 中水　(c) 低水

图3.10 横断面和流速横向分布曲线图

2）水位与各水力因素关系图。水位与各水力因素（水面宽、平均水深、最大水深、平均流速、最大流速、比降、糙率等）常有一定的关系，如图3.11所示。此图可以检查实测流量成果表中数据是否有错误，分析各水力因素的变化规律及其相互关系，如某水力因素在突出点前后的变化情况，探求其反常原因，找出对突出点起决定性作用的水力因素。

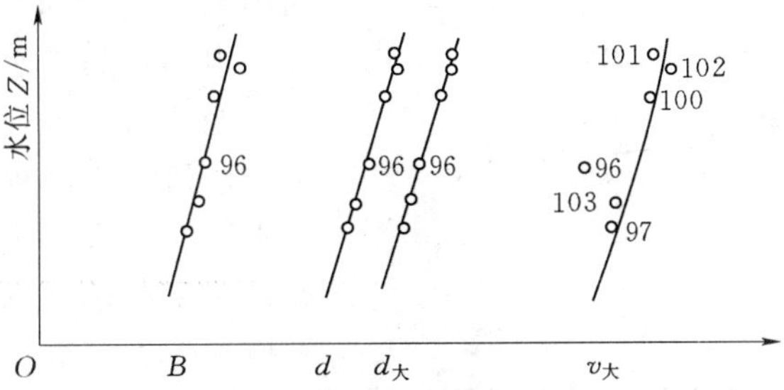

图3.11 水位与各水力因素关系图

3）水深与流速关系图。水深与流速（如平均水深与平均流速、垂线水深与垂线平均流速或测点流速等）有较密切的关系，如图3.12所示。此图可以检查某垂线水深或流速存在的问题，也可在发现问题的基础上，用此图深入分析问题的原因。

4）横断面分析图。横断面分析图主要用于分析断面变化情况，如冲淤情况、变化幅度、变化时间、河底高程变化是否符合冲淤规律等，也可将突出点的横断面图与相邻测次的横断面图对比，分析断面变化有无问题，如图3.13所示。

此外，还有水面比降图、平均河底高程过程线图等。

(3）原因检查。突出点的产生原因，可能是人为错误，也可能是特殊水情变化。检查突出点可先从点绘着手，检查是否点错；如点绘不错，再仔细复核原始记录，检查计算方法和计算过程（着重检查经过改正部分）有无错误；若点绘与计算都没有错误，再从测验及特殊水情方面找原因。测验方面的原因主要有以下几个方面。

1）水位方面的原因。水准点高程错误、水尺校测或计算错误等，会造成关系点子系统偏离；水位观测或计算错误、相应水位计算错误等，也会使关系点子突出偏离。

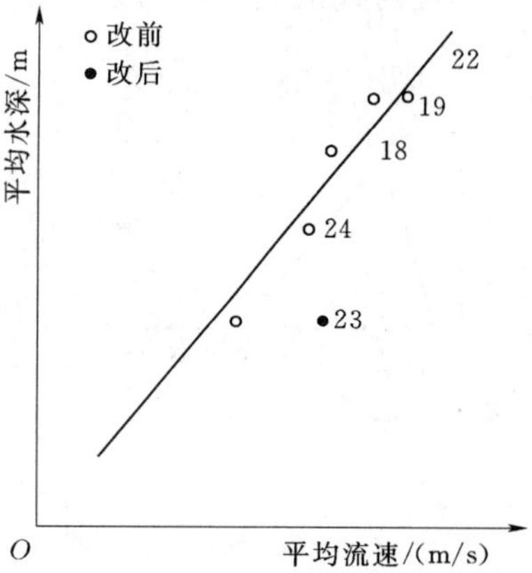

图 3.12 水深与流速分析图

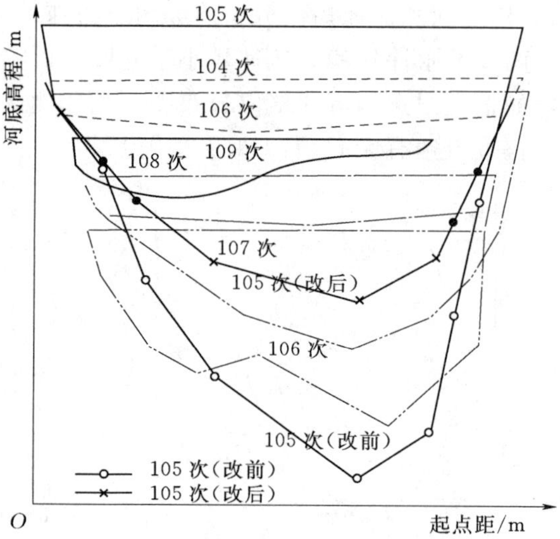

图 3.13 横断面分析图

例如某站1962年最高洪水位处无实测流量，推得的最大流量经上下游对照发现偏小。从本站水位过程线上看，该洪峰峰值部分涨率突然变缓，明显不合理；在水面比降图上，利用洪水调查资料，点绘本站基本水尺断面上下游洪痕水位，本站最高洪水位偏低约0.34m，如图3.14所示。

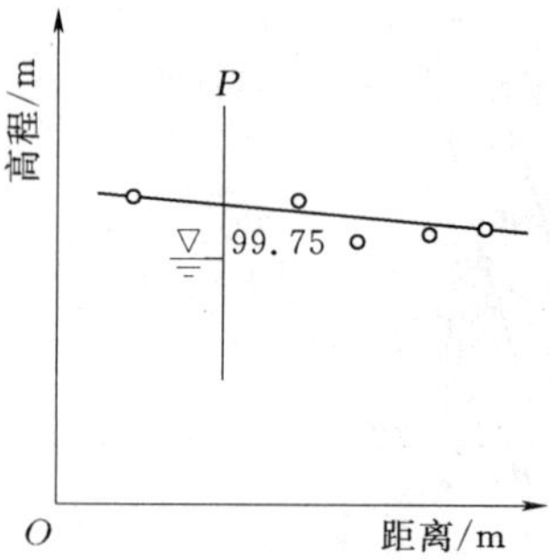

图 3.14 洪水比降

经检查原因，是洪水时期设立临时水尺，用临时水准点引测水尺零点高程，而临时水准点高程错了0.30m，另外临时水尺在基本水尺断面下游约20m处，按洪水比降19‰计算，水位又偏低0.04m，致使最高洪水位偏低0.34m。将原水位99.75m加上0.34m，由100.09m洪水位推得的最大流量就合理了。

又如，某站断面稳定，控制良好，历年水位流量关系曲线为单一线。本年水位流量关系曲线，如图3.15所示，与历年曲线不一致。从点子分布的带宽上看，已超过允许范围，过渡曲线也过于勉强。

经检查原因，是由横比降影响所致，从本站水位观测记录本上发现，58测次以前在P_2水尺上观读水位，59测次以后在P_1水尺上观读水位，测站水尺断面，如图3.16所示，由于横比降影响而各成系统。

2）断面测量方面的原因。当测深垂线过少或分布不均，陡岸边或断面形状转折处未测水深时，可使面积偏大或偏小；断面与流向不垂直，或测深悬索偏角太大，未加改正，使面积偏大；测船不在断面线上，所测垂线水深可能偏大或偏小；浮标测流时，如未实测断面，借用断面不当，在冲淤变化较大时，常会发生较大错误。

例如：某站水位流量关系图上高水实测流量偏大，成为突出点。从横断面分析图，如图3.17所示，可以看出，104次至105次涨水冲刷，105次至106次落水回淤，106次至107次又冲刷，107次至109次又回淤。本站冲淤规律是涨水冲，落水也冲，落水到一定程度后才淤积，故104次至107次冲、淤、又冲与本站测站特性不符。

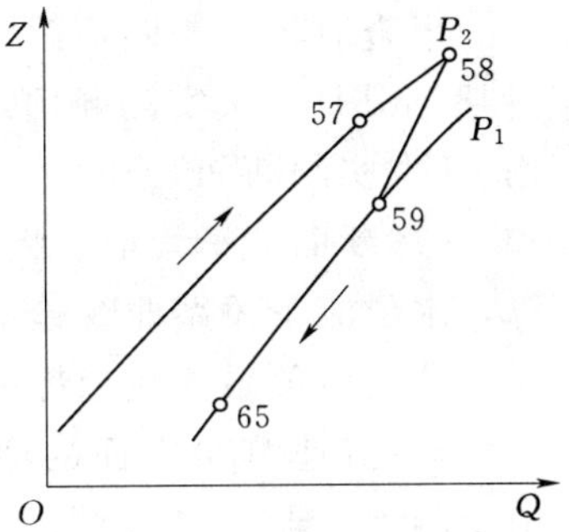

图 3.15　过渡线

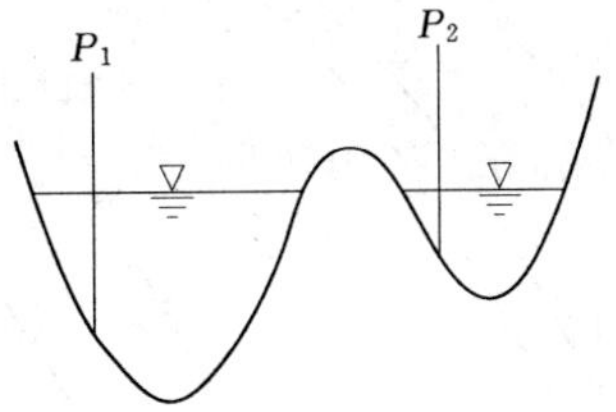

图 3.16　基本断面

另外，从本站平均河底高程过程线图，如图 3.18 所示，也可看出，最低河底高程出现在洪峰以后一定时间，符合本站特性。105 次高程突降是不合理的，问题在 105 次水深偏大。经了解，本站洪水期 105 次用悬索悬吊铅鱼测深，因偏角较大而未加改正所致。

又如，某站 1978 年水位流量、水位面积关系曲线，如图 3.19 所示，其趋势与历年线不一致。该年高水水位流量关系曲线只有 31、32 两浮标测次，整编时通过该两点中心定线，使高水部分流量增值太大，与流量曲线线型不符。

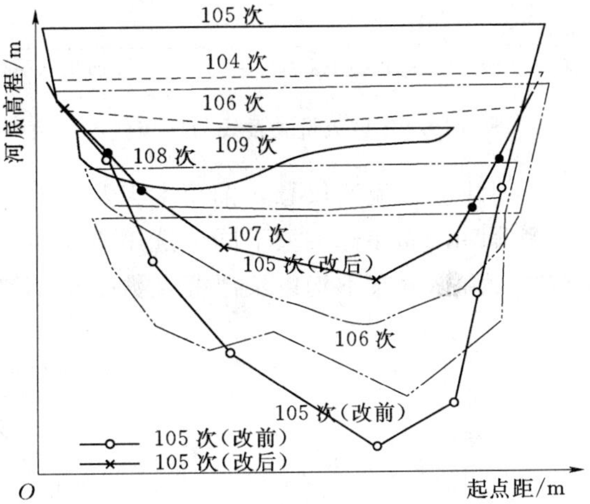

图 3.17　断面水深分析示意图

从断面分析图分析，如图 3.20 所示，该年最大流量 32 测次借用断面不当，原借用 30 次流量断面，在起点距 400～475m 间用直线连接使断面面积偏大。

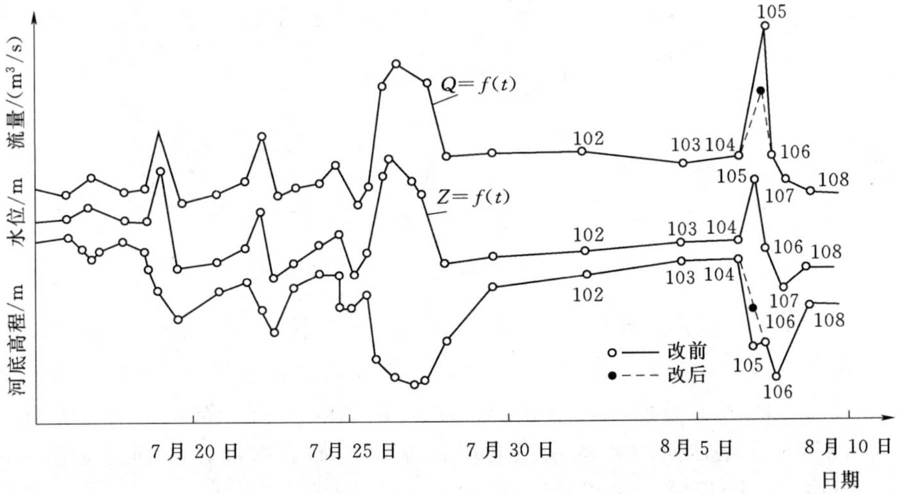

图 3.18　平均河底高程过程线图

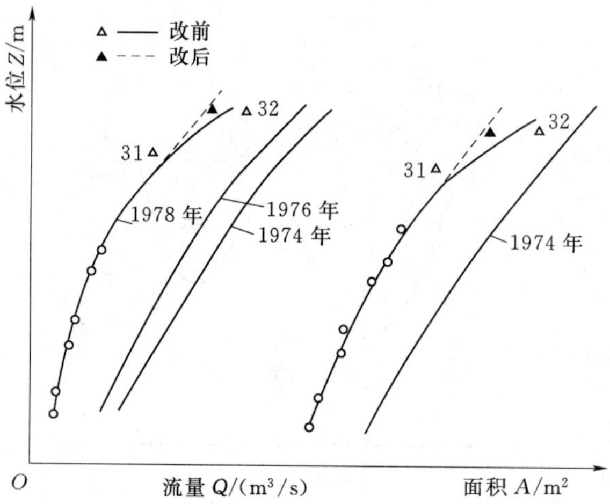

图 3.19　水位流量关系线与历年线不一致

审查时将借用断面改为起点距 400～480m 用 31 次实测断面，480～500m 用 33 次实测断面，500～532m 用 30 次和 33 次断面的平均值，将 32 次流量改算，水位流量关系曲线趋势合理，与历年水位流量关系曲线趋势也一致了。

3）流速测验方面的原因。主要是由于测验仪器问题及测验方法不当等，使流速测验发生较大的误差。如用流速仪测流时，流速超过仪器性能范围或因未及时检定，而使流速产生较大误差；测速垂线和测点过少或分布不当，测速历时过短，可使流速偏大或偏小；测船不在断面线上，流速仪悬索偏角太大及水草、漂浮物、冰花冰塞、风向风力等的影响；用浮标测流时，如浮标类型不同，选用漂浮物不当，断面间距太短，测定浮标通过断面的位置不准，浮标分布不均以及浮标系数采用不当等，都能使流速产生较大误差。

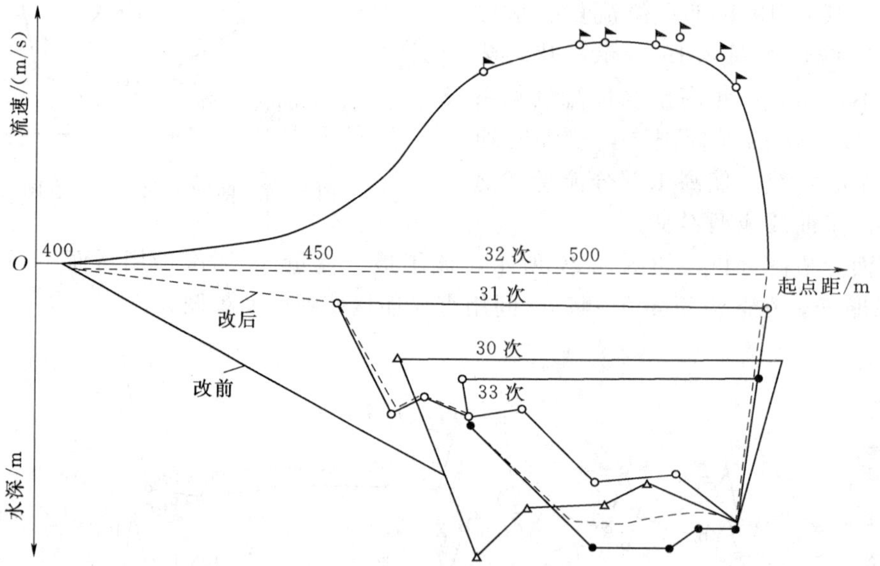

图 3.20　流速分布曲线与断面分析图

例如：某站水位-流量、水位-面积、水位-流速关系图上，如图 3.21 所示，50、51 两测次突出偏离，成为突出点。从水位流速关系曲线线型看明显不合理，一般流速随水位升高而逐渐增大，该站正好相反，与水位流速关系曲线性质不符。另外在水位过程线上看，50、51 测次是在落水阶段，水量没有增加流速也不会增加，故判定流速有问题从而影响流量。经检查原始记录，发现是测速历时过短所致。

特殊水情方面的原因有上下游溃坝或闸门启闭，冰花冰塞或冰坝影响，支流及局部径流的顶托等。

(4) 问题处理。突出点经检查分析后，应根据情况，予以处理。

1) 如突出点是由于水力因素变化或特殊水情所造成，则应作为可靠资料看待，必要时可说明其情况。

2) 如突出点为测验错误所造成，能够改正的应予改正，无法改正的，可以舍弃。但除计算错误外，都要说明改正的根据或舍弃的原因。

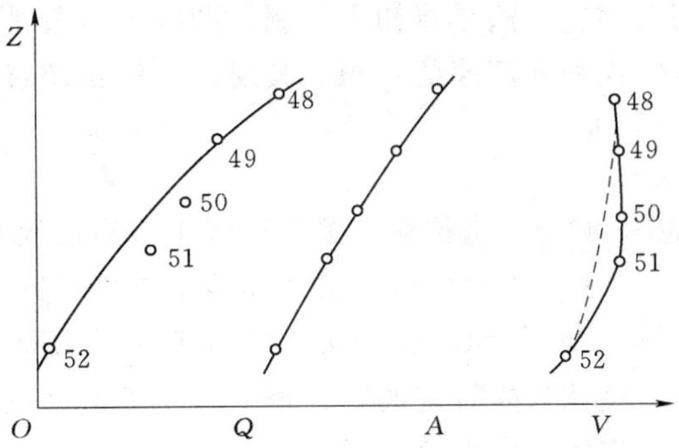

图 3.21 水位流量、水位面积、水位流速关系图

3) 暂检查不出突出点的反常原因，可作为可疑资料，有待继续调查研究分析，并予适当处理和说明。

(5) 对突出点的分析处理应持慎重态度，不论情况怎样，应注意两个做法。

1) 避免采取主观片面的做法。如将测验误差与天然情况颠倒，将造成定线和对测站特性的误解。

如某站水位流量关系图上，56、57 两测次突出偏离。原整编时作为突出点处理，认为是测验误差。经调查，实际受下游拦河坝关闸回水影响。又有本站水位比降关系图得到证实，故流量偏小是合理的，如图 3.22 所示。

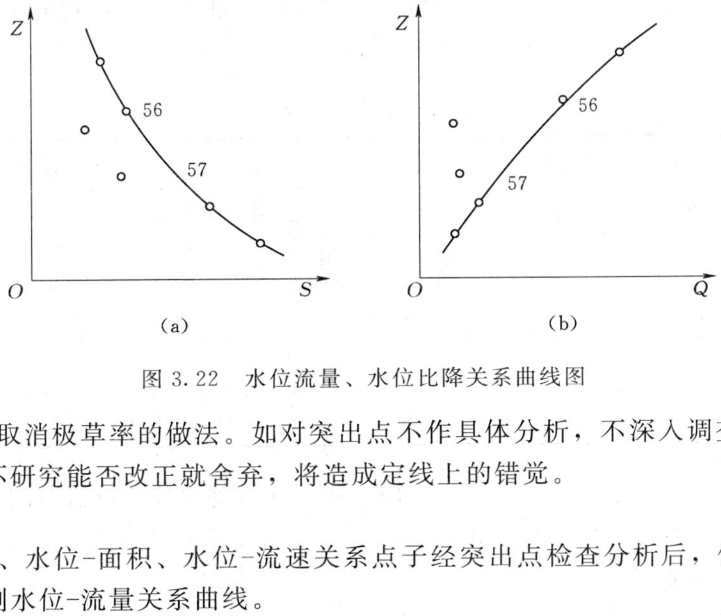

图 3.22 水位流量、水位比降关系曲线图

2) 不要采取消极草率的做法。如对突出点不作具体分析，不深入调查，草率地认为是测验误差，不研究能否改正就舍弃，将造成定线上的错觉。

4. 定线

水位-流量、水位-面积、水位-流速关系点子经突出点检查分析后，便可定线，即用图解的方法绘制水位-流量关系曲线。

(1) 初步定线。在点绘的水位-流量、水位-面积、水位-流速关系图上，先用目估的方法，通过点群中心徒手勾绘出 3 条关系曲线。然后用曲线尺修正，务使曲线平滑，关系点子均匀分布于曲线两旁，并使曲线尽可能靠近测验精度较高的测点（如流速仪精测法的点子）。

(2) 修正曲线。初步绘出的水位流量关系曲线必须同水位面积、水位流速关系曲线互相对照。办法是将初步绘制的曲线分为若干水位级，查读各级水位的流量，应近似等于相应的面积和流速的乘积，其误差一般不超过±2%～±3%，即

$$\frac{Q-AV}{Q}<\pm 2\%\sim\pm 3\% \tag{3.3}$$

式中　Q——水位流量关系曲线上查得的流量；

V——水位流速关系曲线上查得的同水位流速；

A——水位面积关系曲线上查得的同水位面积。

则认为曲线定的好；否则，应调整修正关系曲线。

定线注意事项如下：

1）通过点群中心定出一条平滑的关系曲线，这样可以消除一部分测验误差。不经分析顺点连线，在一定程度上是否认测验存在的误差。

2）要防止系统误差，对突出点产生的原因和处理方法，要作具体说明。

3）要参照水位过程线，关系线线型应符合测站特性，高低水延长方法要恰当。

4）所定曲线前后年份要衔接，分期定线要注意前后期曲线衔接，和与主图、放大图衔接，避免由此产生误差。

5）曲线初步定好后，应与历年关系曲线进行比较，检查其趋势及各线相互关系是否合理，如不合理应查明原因进行修改。

5. 编制推流时段表

全年各个时期水位流量关系曲线定好后，要按顺序注上线号，并编写推流时段表，见表3.1。

表3.1　推流时段表

<table>
<tr><th rowspan="3">线号</th><th colspan="6">推流时段</th><th rowspan="3">流量测次</th><th colspan="2">接头</th><th rowspan="3">附注</th></tr>
<tr><th colspan="3">起</th><th colspan="3">止</th><th rowspan="2">水位
/m</th><th rowspan="2">流量
/(m³/s)</th></tr>
<tr><th>月</th><th>日</th><th>时：分</th><th>月</th><th>日</th><th>时：分</th></tr>
<tr><td>1</td><td>1</td><td>1</td><td>0：00</td><td>2</td><td>8</td><td>12：00</td><td>1～8</td><td>112.11</td><td>35.6</td><td></td></tr>
<tr><td>2</td><td>2</td><td>8</td><td>12：00</td><td>3</td><td>4</td><td>20：00</td><td>9～14</td><td>113.32</td><td>43.2</td><td></td></tr>
<tr><td>3</td><td>3</td><td>4</td><td>20：00</td><td>5</td><td>18</td><td>23：00</td><td>15～26</td><td>113.56</td><td>50.5</td><td></td></tr>
</table>

表内线号与流量关系线的线号一一对应，每个线号都要注明推流时间。接头水位、流量是指该线号推流终止时分的水位和流量，是下一线号开始推流的水位和流量，其作用是检查两条曲线是否衔接。

6. 编制水位流量关系推流表

当关系曲线为单一型或少数几条曲线时，为了节省时间减少读图错误，可以编制水位流量关系表，推流时由水位直接在表中查取，无需在关系图上查读，其格式见表3.2。在编制推流表时应根据流量关系线曲率的大小，在关系线上查读流量的分级水位，可密可疏，两水位级间的各水位对应的流量以直线内插求得。

表 3.2 水位流量关系表

水位级/m ＼ 流量/(m^3/s) ＼ 水位/cm	0	1	2	3	4	5	6	7	8	9	流量差
30.00	22.9	24.0	25.1	26.2	27.3	28.4	29.4	30.5	31.6	32.7	10.9
10	33.8	35.2	36.6	38.0	39.4	40.8	42.1	43.5	44.9	46.3	13.9
20	47.7	49.3	51.0	52.6	54.3	55.9	57.5	59.2	60.8	62.5	
30	64.1	66.2	68.3	70.3	72.4	74.5	76.6	78.7	80.7	82.8	16.4

3.3.2 检验方法

水位流量关系的检验，主要是检验所定关系曲线是否合理，有无系统偏离和脱离实测点现象。水位流量关系曲线的建立、确定，必须经过一定的检验，以保证推流的精度。

3.3.2.1 实测点对关系线的标准差、随机不确定度和系统误差

稳定的水位-流量关系曲线、临时曲线法的主要曲线及经单值化处理的单一线，都要计算实测点对关系线的标准差、随机不确定度和系统误差。

（1）实测点标准差按式（3.4）或式（3.5）计算。

$$S_e=\left[\frac{1}{n-2}\sum(\ln Q_i-\ln Q_{ci})^2\right]^{\frac{1}{2}} \tag{3.4}$$

$$S_e=\left[\frac{1}{n-2}\sum\left(\frac{Q_i-Q_{ci}}{Q_{ci}}\right)^2\right]^{\frac{1}{2}} \tag{3.5}$$

式中 S_e——实测点标准差，%；

Q_i——第 i 实测点的流量（作为单值化处理的单一线中第 i 次校正流量或校正流量因素），m^3/s；

Q_{ci}——第 i 实测点的流量 Q_i 相应水位的曲线上的流量（或作为单值化处理的单一线中第 i 次校正流量或校正流量因素相应的曲线上的校正流量或校正流量因素），m^3/s；

n——实测点总数。

（2）随机不确定度按式（3.6）计算。

$$X'_Q=2S_e \tag{3.6}$$

式中 X'_Q——置信水平为 95%的随机不确定度。

（3）实测点与关系线无明显系统偏离时，系统误差可采用实测点（或校正点）对关系线相对误差的平均值。

3.3.2.2 水位-流量关系曲线的检验

关系曲线为单一曲线，使用时间较长的临时曲线及经单值化处理的单一线，且测点在 10 个以上者，要做符号检验、适线检验和偏离检验。这些检验的对象都是随机变量，均

属于“假设检验”。检验时要先作一定的假设，通过实测资料检验该假设是否成立。判断时所使用的基本原则是“小概率事件在一次观察中可以认为基本不会发生”作为检验标准的概率，该概率称为显著性水平 α，$1-\alpha$ 则称为置信水平。

1. 符号检验

符号检验的目的就是检验所定水位流量关系曲线两侧测点分布是否均衡合理，即两侧测点数目是否大致相等的问题。

当定出水位-流量关系曲线后，各关系点分布在关系曲线的两侧。若将关系线右侧各点记为“+”，左侧各点记为“-”。分别统计测点偏离水位流量关系线的正、负号个数（偏离值为零者，作为正、负号测点各半分配），按式（3.7）计算统计量 u。

$$u=\frac{|k-0.5n|-0.5}{0.5\sqrt{n}} \tag{3.7}$$

式中 u——统计量；

n——测点总数；

k——正号或负号的个数。

检验方法：计算统计量 u 值并将其与用给定的显著性水平 α 查表3.3所得的 $u_{1-\frac{\alpha}{2}}$ 值比较，当 u 大于临界值 $u_{1-\frac{\alpha}{2}}$，即否定原假定，说明关系线不合理；当 u 小于临界值 $u_{1-\frac{\alpha}{2}}$，即接受原假定，说明关系线合理。

表3.3　临界值 $u_{1-\frac{\alpha}{2}}$ 与 $u_{1-\alpha}$

显著性水平 α	0.05	0.10	0.25
置信水平 $1-\alpha$	0.95	0.90	0.75
$u_{1-\frac{\alpha}{2}}$	1.96	1.64	1.15
$u_{1-\alpha}$	1.64	1.28	—

2. 适线检验

适线检验是对实测点与关系线正负偏离值排列情况的检验，即检验关系曲线是否有系统偏离的情况。

将实测点按水位递增顺序排列后，则各实测点偏离曲线的符号有“+”、有“-”，如相邻两点偏离曲线同符号，记为“0”，不同符号记为“1”，则 n 个关系点“0”和“1”之和为 $n-1$。适线性检验是单侧检验，因为“1”次数出现得越多，或“0”次数出现得越少，适线性越好。

检验方法：

（1）将水位流量关系点按水位递增顺序排列后，列出各点“+”、“-”号。

（2）相邻点同号记为“0”，异号记为“1”，设统计“1”的次数为 k，当 $k\geqslant 0.5(n-1)$ 时，不作检验，定线合理；当 $k<0.5(n-1)$ 时，根据式（3.8）计算统计量 u 值。

$$u=\frac{0.5(n-1)-k-0.5}{0.5\sqrt{(n-1)}} \tag{3.8}$$

式中 u——统计量；

n——测点总数；

k——变换符号次数，当 $k<0.5(n-1)$ 时作检验，否则不作此检验。

(3) 根据显著性水平 α，在表 3.3 上查出 u 的临界值。若当 u 小于其临界值，则检验通过；若当 u 大于其临界值，则定线不合理。

3. 偏离数值检验

偏离数值检验是检查测点偏离关系线的平均偏离值（即平均相对误差）是否在合理范围以内，借以数据论证关系曲线定得是否合理。

设测点与关系曲线的相对偏离值 p_i 为

$$p_i=\frac{Q_i-Q_{ci}}{Q_{ci}}(i=1,2,\cdots,n) \tag{3.9}$$

式中 Q_i——实测流量；

Q_{ci}——实测流量在所对应的曲线上查得的流量；

p_i——相对偏离值,%；

n——实测点数。

则平均相对偏离值$\overline{p}$（即平均相对系统误差）为

$$\overline{p}=\frac{1}{n}\sum_{i=1}^{n}p_i \tag{3.10}$$

$\overline{p}$的标准差为

$$s_{\overline{p}}=\sqrt{\frac{\sum_{i=1}^{n}(p_i-\overline{p})^2}{n(n-1)}} \tag{3.11}$$

构建统计量 t：

$$t=\frac{\overline{p}}{s_{\overline{p}}} \tag{3.12}$$

检验方法：按式（3.12）计算 t 值，并将 t 值与用给定显著性水平 α 查表 3.4 所得的 $t_{1-\frac{\alpha}{2}}$ 值比较，当 $|t|$ 小于 $t_{1-\frac{\alpha}{2}}$ 则认为合理，即接受检验；否则应拒绝原假设。

表 3.4　　临界值 $t_{1-\frac{\alpha}{2}}$ 表

α \ k	6	8	10	15	20	30	60	∞
0.05	2.45	2.31	2.23	2.13	2.09	2.04	2.00	1.96
0.10	1.94	1.86	1.81	1.75	1.73	1.70	1.67	1.65
0.20	1.44	1.40	1.37	1.34	1.33	1.31	1.30	1.28
0.30	1.13	1.11	1.09	1.07	1.06	1.06	1.05	1.04

注　表中 k 为自由度，对于偏离数值检验，取 $k=n-1$；对于 t 检验，取 $k=n_1-n_2-2$（n_1、n_2 分别为第一、第二组测点总数）。

4. t 检验

t 检验是以数理统计为基础的一种检验方法，用来判断稳定的水位流量关系是否发生了显著变化（即测站控制条件是否发生变动）、定线是否有明显系统偏离等。也就是说，实施流量间测的资料，并且校测次数大于5次的，在判断原定曲线能否继续使用，或判断相邻年份、相邻时段是否分别定线时，要进行t学生氏检验。

统计量t按式（3.13）计算

$$t=\frac{\overline{x}_1-\overline{x}_2}{s\sqrt{\frac{1}{n_1}+\frac{1}{n_2}}} \tag{3.13}$$

$$s=\sqrt{\frac{\sum_{i=1}^{n_1}(x_{1i}-\overline{x}_1)^2+\sum_{i=1}^{n_2}(x_{2i}-\overline{x}_2)^2}{n_1+n_2-2}} \tag{3.14}$$

式中 x_{1i}——第一组第i测点（用于校测检验时为原用于确定水位流量关系曲线的流量测点）对关系曲线的相对偏离值；

x_{2i}——第二组i测点（用于校测检验时为校测的流量测点）对关系曲线的相对偏离值；

$\overline{x}_1$、$\overline{x}_2$——第一组、第二组平均相对偏离值；

s——第一组、第二组测点综合标准差；

n_1、n_2——第一组、第二组的测点总数。

检验方法：检验时根据公式计算统计量t值，然后根据自由度n_1+n_2-2和显著性水平α的取值，在t的临界值表3.4中查出临界值$t_{1-\frac{\alpha}{2}}$，将$t_{1-\frac{\alpha}{2}}$值与实际计算值t进行比较，若$|t|$小于$t_{1-\frac{\alpha}{2}}$，则原假设成立，定线合理；反之，则拒绝原假设，定线不合理。

3.3.3 延长方法

1. 概述

在进行流量测验时，应尽量在最高、最低水位附近布置测次，但有时由于特殊原因，未能测得洪峰流量或枯水流量。如发生特大洪水时，流速大，漂浮物多，山溪性河流洪水暴涨暴落，洪峰历时短，施测流量困难，因而高水测点少或没有。枯水水浅，流速小，流量施测也比较困难，最小流量也易漏测。这时，必须将水位流量关系曲线进行高低水延长，才能推得全年完整的流量过程。

高水延长决定全年最大流量值，甚至影响规划设计时洪峰流量频率计算；低水流量虽小，但如延长不当，相对误差可能较大，影响历时也较长。因此，对高低水延长须慎重。为保证推出的流量有一定精度，一般情况，高水部分延长不超过当年实测流量所占水位变幅的30%，低水部分延长不应超过15%，如超过此限度，要用两种方法延长作比较，使成果比较可靠。

高水延长的主要依据是实测大断面资料。在断面无严重冲淤变化时，一般可用水位-面积、水位-流速关系曲线法及水力学公式法延长。若历年水位流量关系比较稳定时，可参考邻近年份的曲线趋势延长。有历史洪水调查资料时，也可用作延长曲线的参考。如果断面变化剧烈，峰前峰后实测大断面不能代表高水断面而延长困难时，则需借用上下游测站的高水实测流量资料来延长。

高水延长应结合测站特性来考虑，同时应将延长以后的水位-流量关系曲线与历年线趋势作比较，由最高水位推出的流量要与上下游流量作比较，以肯定成果。

低水延长一般可用水位-面积、水位-流速关系曲线法，或用以断流水位为控制点的延长方法。

2. 水位-流量关系曲线的高水延长

(1) 根据水位-面积、水位-流速关系曲线延长。在测验河段顺直、河床稳定、面积冲淤变化不大的情况下，水位面积、水位流速测点往往比较密集，关系曲线稳定且有明显的趋势。延长时，可根据实测大断面资料，将中、低水实测的 $Z-A$ 曲线延长至所需的最高水位。水位-流速关系曲线的高水部分，当河槽为单式时，水位-流速曲线为一条以纵轴为渐近线的曲线，可利用这一特性将 $Z-A$、$A-V$ 曲线上查得的面积和流速相乘得流量，点绘在 $Z-Q$ 关系曲线图上，从而可以依据这些测点向上延长水位-流量关系曲线，如图 3.23 所示。

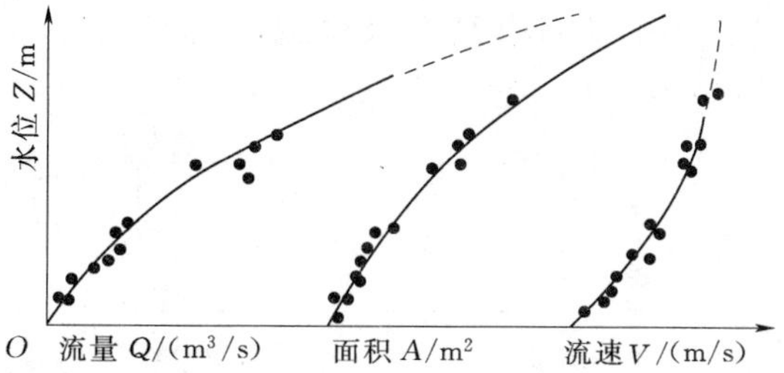

图 3.23 用水位-面积、水位-流速关系曲线延长

(2) 曼宁公式法延长。本法适用于河道顺直，河床底坡平坦、断面均匀较稳定的测站。在延长时，又分有糙率和比降资料和无糙率和比降资料两种情况。

1) 有糙率和比降资料的测站，可点绘水位 Z 与糙率 n 关系曲线，并延长至高水。利用高水时的糙率 n 值与实测的比降 S，由实测大断面资料算得的平均水深 $\overline{d}$ 和断面面积 A，代入曼宁公式 $V=\frac{1}{n}\overline{d}^{\frac{2}{3}}S^{\frac{1}{2}}$、$Q=AV$，计算出 V 和 Q，并点绘在 $Z-Q$、$Z-V$ 关系曲线图上，从而可以依据这些测点向上延长 $Z-Q$ 及 $Z-V$ 关系曲线。

2) 无糙率和比降资料的测站，可将曼宁公式中的 $(1/n)S^{\frac{1}{2}}$ 当成一个未知数，利用实测流量资料将其求出，并点绘 $Z-(1/n)S^{\frac{1}{2}}$ 曲线。一般当测验河段顺直、断面稳定、河底坡度平缓时，高水的 $(1/n)S^{\frac{1}{2}}$ 接近于一常数，故可顺趋势沿平行于纵轴的方向，向上延长 $Z-(1/n)S^{\frac{1}{2}}$ 曲线。然后利用实测大断面资料，计算各级水位的断面面积 A、平均水深 $\overline{d}$、$A\overline{d}^{\frac{2}{3}}$ 值，并点绘 $Z-A\overline{d}^{\frac{2}{3}}$ 关系曲线。高水延长范围内按不同水位在上述两个曲线上分别查取 $(1/n)S^{\frac{1}{2}}$ 及 $A\overline{d}^{\frac{2}{3}}$ 值，相乘得流量，从而以此延长 $Z-Q$ 曲线，如图 3.24 所示。

(3) 用 $Q-A\sqrt{\overline{d}}$ 曲线法延长。本法适用于断面水深不大且水面较宽的单式河槽，无显著冲淤，高水糙率和比降变化不大的测站，由水力学的谢才公式可知

$$Q=CA\sqrt{RS}=C\sqrt{S}\cdot A\sqrt{R} \tag{3.15}$$

式中 C——谢才系数；

R——水力半径，用平均水深代替。

在高水部分，$C\sqrt{S}$ 近似为一常数 K，天然河道一般可用 $\overline{d}$ 代替水力半径 R，式

（3.15）可写成

$$Q = K \cdot A\sqrt{d} \tag{3.16}$$

把 $A\sqrt{d}$ 当成变量，Q 当成函数，K 为常数，则 Q 与 $A\sqrt{d}$ 为一直线关系。延长时，根据实测大断面资料，计算各级水位的 $A\sqrt{d}$ 值，并点绘 $Z-A\sqrt{d}$ 关系曲线。根据实测部分的 $Z-Q$ 曲线和 $Z-A\sqrt{d}$ 曲线，查得各级水位的 Q 和 $A\sqrt{d}$ 值，点绘 $Q-A\sqrt{d}$ 曲线，并顺趋势按直线向上延长。插补流量测点时，依照高水需要的不同水位，在 $Z-A\sqrt{d}$ 曲线上查取 $A\sqrt{d}$ 值，再以 $A\sqrt{d}$ 值在 $Q-A\sqrt{d}$ 曲线上查取 Q 值。最后再用原来查 $A\sqrt{d}$ 的水位与查得的流量点绘在水位流量关系图上，即可据以延长 $Z-Q$ 关系曲线，如图 3.25 所示。

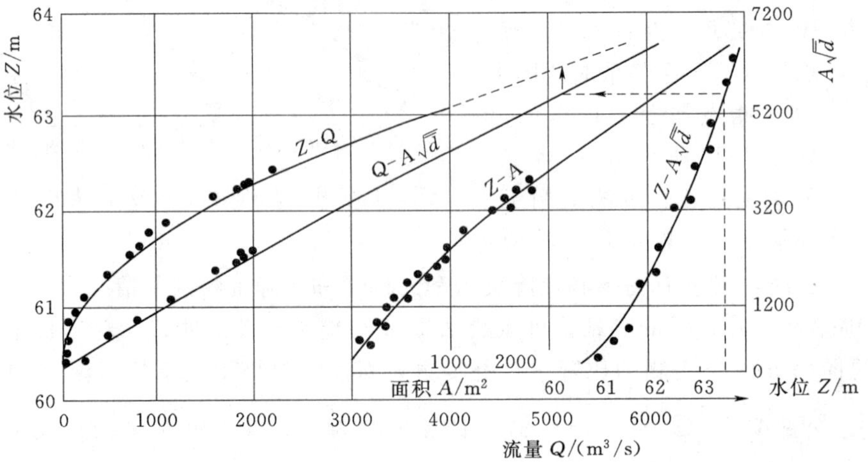

图 3.25　用 $Q-A\sqrt{d}$ 曲线法延长高水位流量关系曲线图

（4）参照历年水位-流量关系曲线作高水延长。若测站控制基本稳定，河床变化不太剧烈，河底坡降无突出变化，基本水尺位置未迁移或迁移距离很近、落差很小，其历年水位-流量、水位-面积、水位-流速关系曲线无突出变化时，可参照历年水位-流量关系曲线作高水延长。延长时将历年和本年水位-流量关系曲线合绘在一起，按历年曲线趋势，参照本年断面冲淤、流速和比降变化情况，向上延长。

3. 水位-流量关系曲线的低水延长

水位-流量关系曲线低水延长的关键是确定断流水位。确定了断流水位以后，就以断流水位处的流量为零作控制，从上向下延长 $Z-Q$ 关系曲线。断流水位的确定方法如下。

（1）根据测站纵横断面图确定。利用测站纵横断面图，查看下游有无浅滩或石梁，若有时，则以其顶部高程作为断流水位控制；若无浅滩、石梁，但下游较长距离内河底平坦，则用基本水尺断面的最低点高程作为断流水位。

（2）分析法确定断流水位。当没有条件用上述方法确定断流水位，如断面整齐，在延长部分的水位变幅内，河宽变化不大，又无浅滩、分流时，可采用此法。

在水位-流量关系曲线低水弯曲部分，从低向高依次取 a、b、c3 点，使这 3 点的流量关系满足式（3.17），则断流水位 Z_0 按式（3.18）计算

$$Q_b=\sqrt{Q_aQ_c} \tag{3.17}$$

式中　Q_a、Q_b、Q_c——水位-流量关系曲线上 a、b、c 三点的流量，m^3/s。

$$Z_0=\frac{Z_aZ_c-Z_b^2}{Z_a+Z_c-2Z_b} \tag{3.18}$$

式中　Z_0——断流水位，m；

Z_a、Z_b、Z_c——水位-流量关系曲线上 a、b、c3 点的水位，m。

（3）图解法。按式（3.17）的条件选 a、b、c3 点，在水位-流量关系曲线图上通过 b、c 点作平行横轴的二水平线，分别与通过 a、b 点所作垂直于横轴的线相交于 d、e 点，使 de、ab 的延长线相交于 f，过 f 点作平行横轴的水平线交于纵轴，即为断流水位 Z_0，如图 3.26 所示。

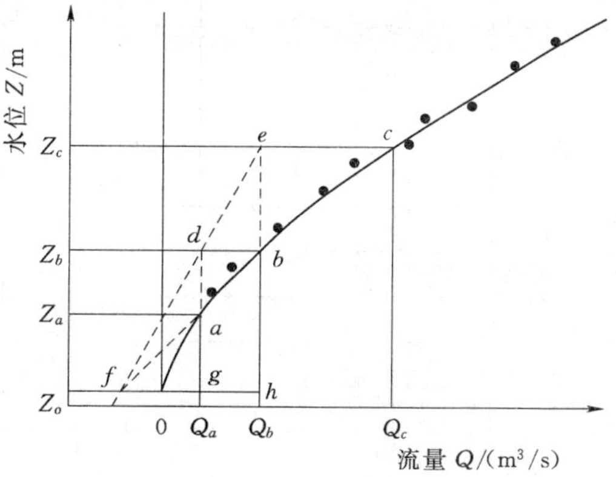

图 3.26　图解法推求断流水位

3.3.4　日平均流量的计算和洪水水文要素摘录表的编制

1. 日平均流量的推求方法

（1）用日平均水位推求日平均流量。当水位流量关系较为平直，水位及其他有关水力因素在一日内变化缓慢时，可根据日平均水位推求日平均流量。

（2）用瞬时水位推算日平均流量。当一日内水位（或流量）变化较大时，应先用瞬时水位推求出瞬时流量。观测时距不等时，用面积包围法（加权平均法）计算日平均流量；观测时距相等时，用算术平均法计算日平均流量。

若该日 0 时或 24 时没有水位记录，因而不能推算出相应流量时，可以根据前后测次予以插补。在水位过程线向上弯时（洪峰过程线涨水、落水支线的下半部分），一般可先按直线插补水位，再推求流量；在水位过程线向下弯时（洪峰过程线涨水落水支线的上半部分），一般可直接按直线插补流量。如有逐时流量过程线，也可在图上按前后流量变化趋势插补。

如何判断各日平均流量能否由日平均水位推求或应由瞬时流量计算，可用一定误差来控制，即按日平均水位直接推求的日平均流量，与按瞬时水位推求瞬时流量后，再以面积包围法或算术平均法计算的日平均流量相比，其误差在中高水小于±2%，低水小于±5%（流量很小时还可适当放宽）时，可直接用日平均水位推求日平均流量。如超过此限，则一般应采用瞬时水位推求瞬时流量，再计算日平均流量。

2. 逐日平均流量表的编制

逐日平均流量表集中反映了流量在 1 年内的变化和分配。除将计算的日平均流量列入表中外，还要将月、年流量特征值统计清楚，见表 3.5。

表3.5 **××河 ××站逐日平均流量表**

集水面积：km^2，流量：m^3/s

月份 日期	1	2	3	4	5	6	7	8	9	10	11	12
1 2 ⋮ 30 31												
平均												
最大												
日期												
最小												
日期												
年统计	最大流量 月 日				最小流量 月 日				平均流量			
	径流量：10^8m^3				径流模数：$10^{-3}m^3/(s \cdot km^2)$						径流深度：mm	
最大洪量	1日	10^8m^3	3日	10^8m^3	7日	10^8m^3	15日	10^8m^3	30日	10^8m^3	60日	10^8m^3
洪量日期	月	日	月	日	月	日	月	日	月	日	月	日
附注												

(1) 月平均值及特征值推求：

1) 月平均流量：以月内各日日平均值的总数除以该月的日数得之。

2) 月最大、最小流量及出现日期：水位流量关系曲线为单一曲线者，月最高、最低水位推求的流量即为月最大、最小流量；水位流量关系为水力因素法（或单值法处理）定线或时序型曲线，应先从该月高水、低水中推求出若干可能为最大、最小的数值，再从中挑选月最大、最小流量；用实测流量过程线法者，在过程线上选取；编制几股水流的合成逐日平均流量表时，应在该月高水、低水时期，分别推求各股水流瞬时流量，将各股相应时间的流量相加，求出瞬时总流量，再挑选最大、最小流量。月最大、最小流量出现日期为其对应的日期。

(2) 年平均流量值及特征值推求：

1) 年平均流量：以年内各日日平均值的总数除以年的日数求得；年最大、最小流量及日期在各月最大、最小中挑选其值及相应日期。

2) 径流量：为1年内流过某一断面的总水量。以年总数乘一日秒数（86400）得之，单位为m^3、万m^3、亿m^3。

3) 径流模数：在测流断面以上流域集水面积内，平均每平方公里的年平均流量。以年平均流量除以集水面积，再乘1000得之，单位为$10^{-3}m^3/(s \cdot km^2)$。

4) 径流深度：将年径流量平铺在集水面积上的水深。以年径流量（m^3）除以集水面积（km^2），再除以1000得之，单位为mm。河道站断面上游或水库站有实测引出（入）径流量，引出（入）径流量或水库蓄水变量参加或不参加年径流深度及年径流模数计算的，均应在附注栏说明。

5) 洪量统计：在逐日平均流量表中，统计最大1日、3日、7日、15日、30日、60

日洪量。

3. 洪水水文要素摘录表的编制

编制洪水水文要素摘录表就是把测站洪水期内主要水文要素（水位、流量、含沙量）资料及其变化过程完整地摘录，为使用资料者提供方便，见表3.6。

（1）摘录原则和方法：

1）洪峰一般应在水位或流量过程线上选取。

2）全年应摘录几次较大洪峰和一些有代表性的中小洪峰。选择各种洪峰类型是：洪峰流量最大的和洪峰总量最大的洪峰；当汛期内能按暴雨特性分成不同时期时，应尽可能包括不同时期的最大洪峰，以满足计算分期设计洪水的需要；含沙量最大的和输沙量最大的峰；孤立的峰；连续洪峰或特殊峰形和久旱以后的峰；汛初第一个峰或汛末较大的峰；较大的春汛、凌汛的峰或非汛期较大的峰。

表3.6　××河××站洪水水文要素摘录表

月	日	时：分	水位/m	流量/(m^3/s)	含沙量/(kg/m^3)	月	日	时：分	水位/m	流量/(m^3/s)	含沙量/(kg/m^3)
6	4	20：00	493.83	115	16.8	6	7	11：00	493.65	64.5	14.2
		23：00	493.82	118	16.6			14：00	493.60	55.9	13.8
	5	8：00	493.82	118	16.6			20：00	493.55	48.5	13.1
		11：00	493.82	118	16.6		8	2：00	493.56	49.9	13.3
		14：00	493.78	98.4	15.7			8：00	493.58	52.9	13.5
		20：00	493.74	93.9	15.2			14：00	493.54	47.5	12.8
	6	2：00	493.71	88.1	15.1			20：00	493.55	48.5	12.9
		8：00	493.65	78.1	14.8		9	2：00	493.55	48.5	12.9
		14：00	493.66	79.6	15.0			8：00	493.56	49.9	13.2
		14：12	493.66	79.6	15.0			14：00	493.54	47.5	12.6
		15：00	493.65	78.1	14.8		10	2：00	493.51	43.4	11.8
		20：00	493.64	77.2	14.6			8：00	493.50	42.0	11.4

3）摘录的洪峰上下游要配套，每年主要的大峰，在相当长的河段内，上下游站均应摘录；一般洪峰，则只要求按“上配下”的原则配套摘录。配套是将下游站按上述各种洪峰类型所选摘的洪峰作为“基本峰”，一般应予摘录，如图3.27所示。若这两种站的“配套峰”的峰形平缓或日平均值已能代表其变化过程，或上下游的积水面积相差很大，无须推算区间流量，这种“配套峰”也可不摘。此外，暴雨形成的洪水，要与降雨量摘录配套。

（2）摘录与填表方法。

1）洪水摘录选点，应在逐时过程线上进行，每次洪水都应完整地摘录其变化过程，一般应从起涨前开始，摘至落平。

2）摘录点的多少，应以能控制水位（流量、含沙量）的变化过程基本不变形为原则，即摘录点所连绘过程与原过程的峰、谷完全相符，洪峰过程吻合，洪量相等。另外，要尽量精简摘录点次，以节省工作量，并满足下述要求。①洪峰起涨前、落平后要多摘录2～

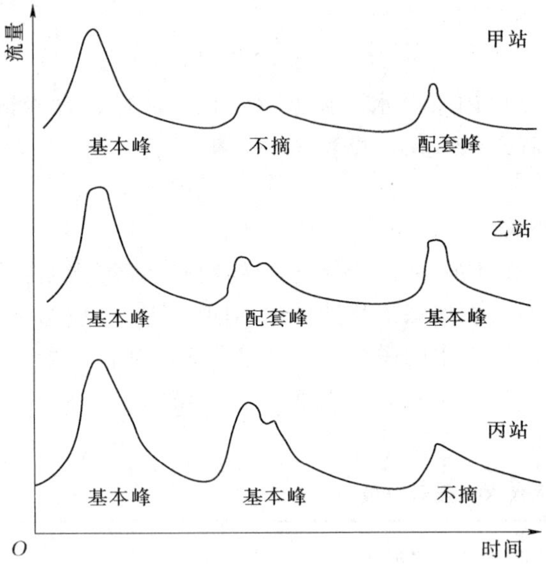

图 3.27 上下游洪峰配套

3个点，以满足割除基流的要求；起涨后、落平前及峰顶前后的转折点处应有摘录点；峰顶附近不少于3～5个点；雨洪期最高水位、最大流量必须摘入；年最大含沙量应摘入。②水位、流量、含沙量合摘于一张表时，含沙量同样从逐时过程线摘录沙峰的完整过程，主要是摘录实测点、转折点或控制点，为插补值时也应摘录，对水位、含沙量插补值，应加插补符号。

3）摘录点应尽量摘录8时的值，所摘数值应为定时观测值，不得用日平均值代替，含沙量应为换算后的断沙值。

4）在沙峰时期，每日测取单沙两次或两次以上，并能绘出基本完整的沙峰过程线的站，必须摘录含沙量。若每日仅取一次单沙，逐日平均含沙量已能代替其过程者，一般不予摘录。

5）不论哪一种过程线的转折点或控制点，水位、流量两项均应全部填表，不能空白。含沙量栏只填入实测点及转折点或控制点的数值，不必逐项填齐。

6）摘完一次洪水（或连续洪峰）过程后，应空一行，再摘下一次洪水。

3.4 时序型流量资料整编方法

时序型流量资料整编方法，是根据流量变化的连续性，按照实测流量点的时序连成关系曲线的整编方法。

3.4.1 连时序法

连时序法适用于受某一因素或多种因素混合影响的测站。影响因素包括变动回水、洪水涨落、断面冲淤、不稳定的结冰、水草生长等。

1. 方法的特点

按照实测流量点的先后顺序，勾绘水位流量关系曲线的方法，称为连时序法。连时序法适用于受单一因素或混合因素影响的河段，但主要的还是解决受混合因素影响的水位流量关系。在河流的下游，测站无控制或控制不好，冲淤变化很大，主流摆动严重，下游回水顶托及洪水波影响，使关系图上的关系点，分布散乱，左右摆动幅度较大，用其他方法定线有困难时，可使用此法。

本方法要求流量测次足够多，精度较高，并且能够控制住水位流量关系的转折点。

2. 定线推流方法

（1）点绘水位流量、水位面积、水位流速关系图，并依测点顺序进行分析，找出各个时期的水位流量关系点子的分布规律，连绘出水位流量关系曲线。

（2）连时序法的主要参考工具是逐时水位过程线。将实测点按平均时间及相应水位，点绘在水位过程线上，一方面与关系图中的测点对照，同时查看实测点的控制情况。定线时，参照水位过程线，勾绘连时序曲线，如图 3.28 所示。当影响因素无明显变化，而测点偏离较大时，经分析后可通过几个测点的中心来连线，不必勉强通过每一测点，这样可消除一部分测验误差。对于测点较多，曲线变化又较复杂的测站，其水位流量关系的连时序线应分割为几个时段，分别定出关系曲线以便于推流用，但必须处理好其衔接部分。当连时序曲线为绳套曲线时，其绳套曲线的顶部及底部应分别与相应洪峰的峰顶和峰谷相切。

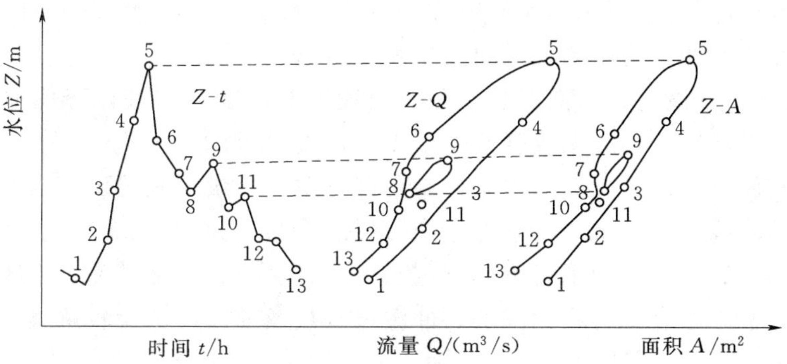

图 3.28 连时序法水位流量关系曲线

对于受变动回水及洪水涨落影响的时段，流量主要受流速变化的影响，应参照水位流速关系曲线的变化趋势，并参照水位与比降（或落差）的关系曲线作为辅助定出连时序的水位流量关系曲线。受冲淤或结冰等影响时，则主要参照水位面积关系曲线的趋势来连线。对于受冲淤影响的测站，为了分析冲淤的性质，有时还点绘含沙量过程线、平均河底高程过程线等。如各种因素同时作用时，则应分析出其主要的影响因素，定线时按主要因素的趋势来确定水位流量关系曲线的走向，并兼顾其他次要因素。

（3）若测点较多并且比较散乱，在一张图上定线有困难，易发生混乱时，可分图定线，但各图曲线之间应相互衔接。

3. 推流

水位流量关系曲线定好并标出线号后，即可用逐时水位直接在相应时段的曲线上查读流量。

3.4.2 临时曲线法

本方法适用于不经常性冲淤和河床在一定时期内基本稳定，但在局部时段内存在变化或受结冰影响的测站。

1. 冲淤情况的分析

测站的控制河段或控制断面发生冲刷时，则该处同水位面积增大，流量亦随之增大，水位流量关系点子向右移动；断面淤积，则同水位面积减小，水位流量关系点子向左移动。曲线移动的情况，视冲淤的程度和范围而定。在冲淤中按冲淤发生时间的持续性，可分为经常性冲淤和不经常性冲淤；按冲淤前后从横断面变化情况，可分为普遍冲淤和局部冲淤。

（1）冲淤情况分类。

1）经常性冲淤。表现为冲淤变化频繁，冲淤虽有程度不同之分，但分不出相对稳定的阶段，反映在关系曲线，测点分布非常散乱。

2）不经常性冲淤。这种冲淤只发生在几次较短的时间里，两次冲淤之间，有较长的稳定时间，关系测点随时间可分成几条有规律的带组，冲淤变化期间，测点表现为从一带组过渡到另一个带组。

3）普遍冲淤。测流断面与测流河段冲淤变化一致，即冲淤前后的河底坡降及断面形态基本相似。此时，冲淤前后的关系曲线呈纵移状态。

4）局部冲淤。冲淤前后断面形状及测验河段剧烈改变，河底比降明显变化。反映在关系曲线上，冲淤前后的趋势大幅度改变，无一定规律可循。

有时测流断面虽有冲淤，但高水时控制良好，或因冲淤增减的面积占高水面积的比重很小，常使关系曲线上部为单一、下部呈扫帚形的形状，如图3.29所示。

（2）冲淤情况的分析。为了正确的制定水位-面积、水位-流量关系曲线，应对冲淤情况进行分析，分析方法有：切线比较法、冲淤过程线及横断面图比较法等。

1）切线比较法。此法适用于普遍性冲淤的情形，即冲淤只发生在河底附近的测站。此时各级水位下河面宽基本上是固定的。由以前分析知：稳定面积曲线的斜率等于水面宽的倒数。当河底有冲淤时，上述关系发生变化，如图3.30所示。

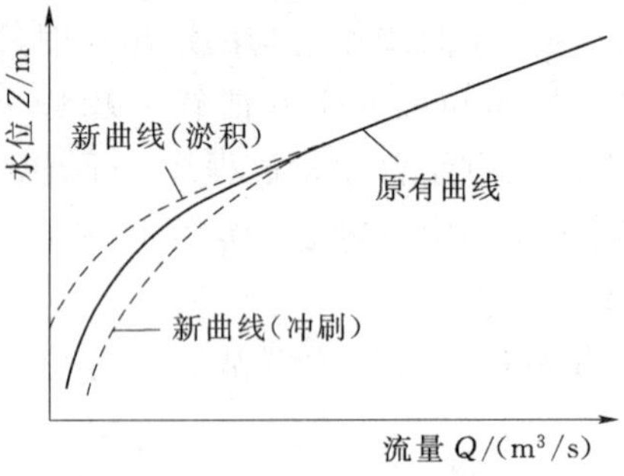

图3.29 局部冲淤水位-流量关系曲线

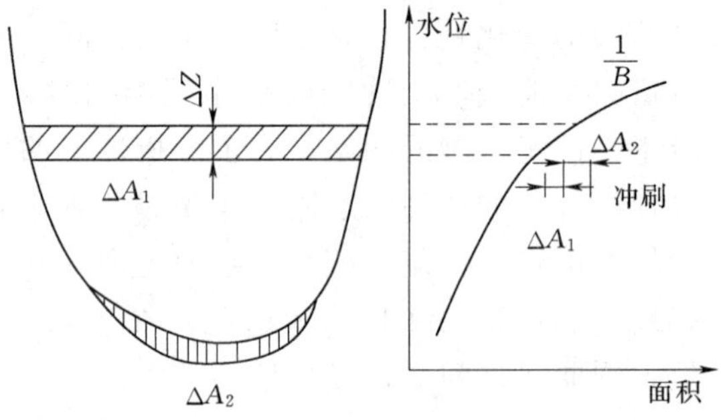

图3.30 切线比较法冲淤关系

当水位增加ΔZ，引起面积增大ΔA_1，河底部分因冲刷又增大了ΔA_2，在水位-面积关系曲线上，两点连线的斜率为

$$\frac{\Delta Z}{\Delta A}=\frac{\Delta Z}{\Delta A_1+\Delta A_2} \tag{3.19}$$

若断面没有冲淤，其斜率为$\frac{\Delta Z}{\Delta A_1}=\frac{1}{B}$，二者相等，其关系为

$$\frac{\Delta Z}{\Delta A}<\frac{\Delta Z}{\Delta A_1}=\frac{1}{B} \tag{3.20}$$

用水位面积两相邻测点的连线作为实测斜率，与稳定斜率相比较，若两者重合，表示不发生冲淤，若相互交叉，说明断面发生冲淤变化。判断的标准是用后一个测点与前一个

测点相比较。

由式（3.20）可得出如下结论：在实测斜率小于河宽倒数时，涨水表示冲刷，落水表示淤积；反之，实测斜率大于河宽倒数时，涨水表示淤积，落水表示冲刷。

利用上述方法，可对水位面积曲线冲淤情况进行分析。在图 3.31 中，序号表示时间先后，箭头表示关系曲线的变化趋势，短虚线为用河宽倒数表示的斜率，短实线为面积曲线的斜率。

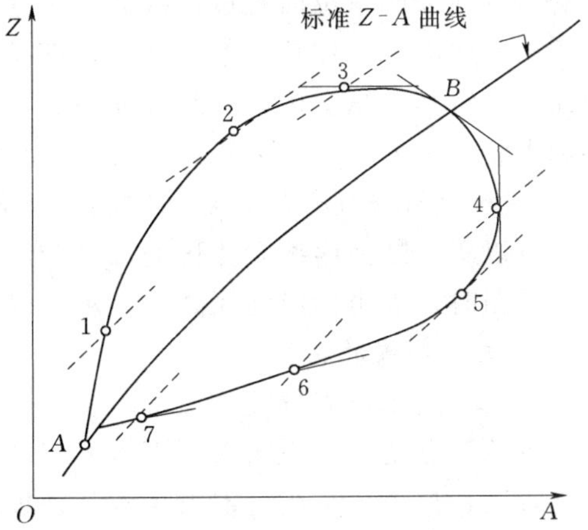

图 3.31 水位面积曲线冲淤分析

从图 3.31 可以看出：若以标准水位面积曲线为准，标准线的左半部，即 1、2、3、B 连线，属于淤积阶段，右半部，B、4、5、6、7 线段属冲刷阶段。若不以标准曲线为准，而以时间顺序分析冲淤情况，可用切线比较法，判断出各点或各时段的冲淤情况。其方法是将同水位河面宽倒数绘到实测面积曲线点处，与各点处切线进行比较，如 1、2、3、4、5、6、7 等点处的短虚线与短实线所示。

分析时从 A 点开始：A～2 点，实测曲线斜率大于各点的河宽倒数，为涨水段，由上述法则，此段属于淤积，2 点处两短线重合，属不冲不淤，实际上该点达到淤积最大处。

2～3 点，这阶段实测曲线斜率小于河宽倒数，仍为涨水段，根据法则判断属冲刷，即后一时间的断面与前一时间相比都在冲刷，但都还没有恢复到涨水的标准水位面积线上，在 3 点达最高水位，此处的斜率为最小值，趋于 0。

3～4 点这一阶段斜率均为负值，上述判断冲淤性质的法则不适用，但可直观看出，该阶段水位在降落，断面面积反而增大，故可判断出属于冲刷。在 B 点，实际面积曲线与标准面积曲线相交，说明断面面积已回到与标准断面面积相等的程度，在 4 点处面积曲线斜率达最大值，为无限大。

4～5 点阶段，实测曲线斜率大于河宽倒数，为落水段，故仍属冲刷，由图上看出，冲刷的势头在减小，在 5 点处，两种斜率重合，此处处于不冲不淤的稳定阶段，实际上是冲刷最初。

5～7 点，实测曲线斜率小于河宽倒数，仍为落水段，由法则判断属淤积。

由以上分析，利用切线比较法，以判断任何点处和任何阶段的冲淤变化情况。在分析过程中均需要绘制稳定状态下的水位面积曲线的斜率。

稳定斜率（河宽倒数）的绘制：先找出该点的河面宽，则稳定斜率为$\frac{1}{B}$，$\frac{1}{B}=\frac{\Delta Z}{B\Delta Z}$，设 ΔZ 为 1m，可求出 $B\cdot\Delta Z$ 表示的面积。在图的空白处，按关系曲线图的纵横比例，横坐标上取 $B\cdot\Delta Z$ 面积数字的长度，纵坐标取 1m 的长度，连斜线即为稳定的斜率线，再用推平等线的办法将其平移到测点处，即得虚线表示的斜率线。

2）冲淤过程线法。用表示冲淤的某一指标为纵坐标，时间为横坐标，以时序绘制变化过程线，能明显的表示出冲淤变化情况。

其绘制方法有以下几种：①平均河底高程过程线法：此法是将实测断面相应水位减去平均水深，得平均河底高程，以平均河底高程为纵坐标，测流平均时间为横坐标。该过程线纵坐标高时，表示淤积；低时，表示冲刷。此法适用于矩形或U形断面，发生普遍冲淤的情形。②同水位面积过程线法：选择一标准水位，此水位以上，面积无冲淤变化。将各实测断面面积，加减一条形面积，都换算到标准水位下的面积数值，此面积称同水位下的面积，将其作纵坐标，时间为横坐标，绘制过程线，也能直观地反映冲淤变化过程，纵坐标大时表示冲刷，纵坐标小时表示淤积。

3）横断面图比较法。对一次洪峰断面冲淤变化进行分析时，将各实测断面套绘在一起，可以看出断面内冲淤变化的部位和演变方向。此法工作量大，主要在分析突出点时使用，绘图时，纵坐标以河底高程表示，横坐标以起点距表示。

2. 关系曲线的特征

在点绘的水位流量关系图上，若明显地发现测点有规律地分布成几个带状，各带状之间有少数测点变动，说明水力因素的变动只发生在短暂的时间里，大部分时期都处于相对稳定阶段，整个关系线可定出少数几条稳定的单一曲线。

3. 定线推流方法

首先依时序了解测点的分布及走向，参照逐时水位过程线的变化，分析和确定各相对稳定阶段测点的分布规律，分别定出单一曲线，然后再考虑各单一线之间的过渡问题，把各条稳定曲线连接成一个完整的整体。

临时曲线法的关键问题，是过渡曲线的处理，其处理方法有以下几种。

（1）自然过渡。常用于冲淤变化不大的测站，两条稳定单一曲线，利用一部分重合而过渡，称自然过渡。

如某些水文站高水部分发生冲淤，但冲淤影响不大，其对流量的影响幅度不及测验误差大，因此高水部分仍表现为单一曲线，如图3.32所示。在低水时，冲淤影响逐渐显露出来，低水部分则明显地显示出两条曲线，如图3.33所示。过渡期在高水，无须专门处理。有时，低水控制良好，而高水发生冲淤变化，也会出现低水重合，高水分开的情况。此时过渡在低水，也无须专门处理。

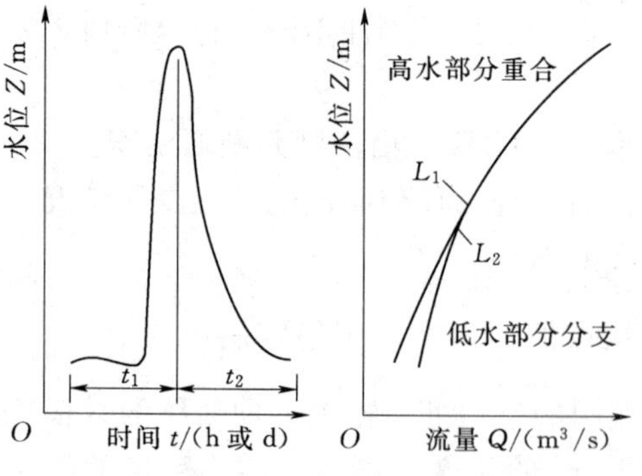

图3.32　高水自然过渡

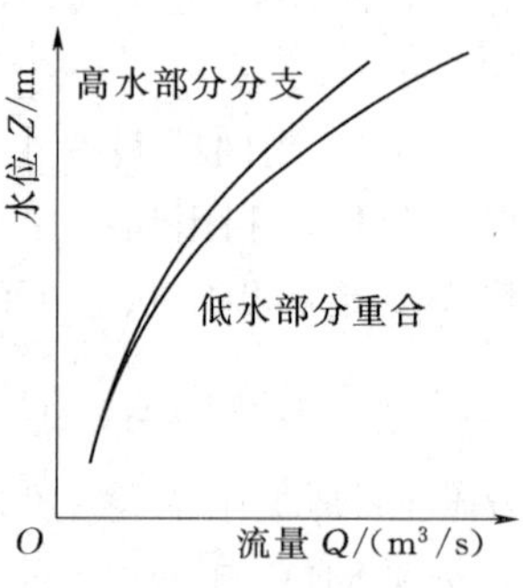

图3.33　低水自然过渡

（2）连时序过渡。从一条临时曲线到另一条临时曲线，间距较大，且有小的洪峰出现时，采用连时序曲线过渡。连时序过渡要严格参照水位过程线的趋势及测点分布，连成平滑曲线过渡，过渡线的开始与终止处，都应与各自临时曲线相切，如图 3.34 所示。

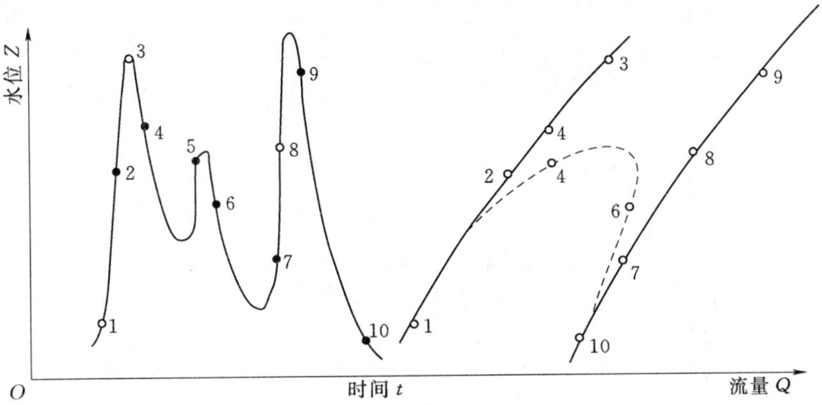

图 3.34 连时序过渡临时曲线

(3) 内插曲线过渡。在过渡期水位变化平缓，而测点横向变化幅度较大，用连时序法过渡确有困难，此时可采用内插曲线过渡。

所谓内插曲线过渡，在两条临时曲线之间，均匀平行地绘若干趋势相同的短线，如图 3.35 所示。内插曲线的数量，视过渡期水位摘录次数的多少而定，内插曲线高低的幅度，视过渡水位变化高低而定。推流时采取跳线形式：从一条临时曲线开始，均匀地通过内插曲线跳到另一条临时曲线上。因此，推出流量可产生不连续现象。

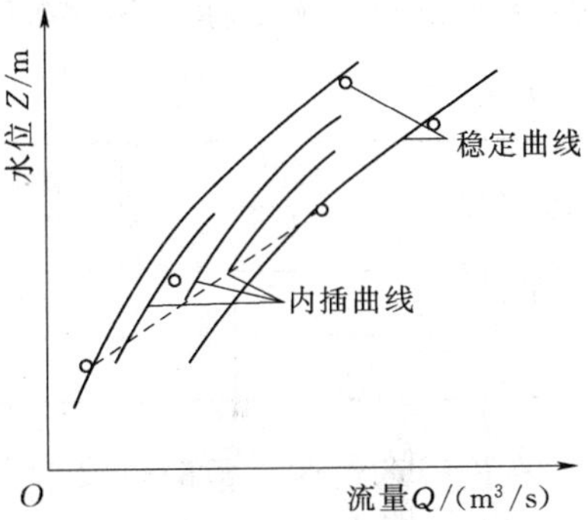

图 3.35 内插曲线过渡

3.4.3 改正水位法

改正水位法适用于受经常性冲淤但变化较均匀缓慢的测站，也适用于水草生长或结冰影响的时期，要求有足够多的流量测次，并且分布均匀，能够控制流量变化的转折点。

改正水位法是将复杂的水位流量关系曲线进行单值化处理的一种方法。本方法只需要制订出一条标准的水位流量关系曲线，将逐时水位进行改正，即可在标准曲线上直接推流。

改正水位法的标准曲线可以用导向原断面法作出，它相当于一条断面稳定时的水位流量关系曲线，而水位改正数过程线则能反映断面冲淤变化过程。

1. 定线和推流方法

(1) 绘制标准曲线。在点绘的水位流量关系图中，绘制一条稳定的水位流量关系曲线，称为标准曲线，如图 3.36 所示。

(2) 计算水位改正数。在每个实测流量测点上作垂线，与标准曲线相交。以标准曲线的水位为准，减去实测流量的水位，得到的水位值，称水位改正数。测点在标准曲线上方

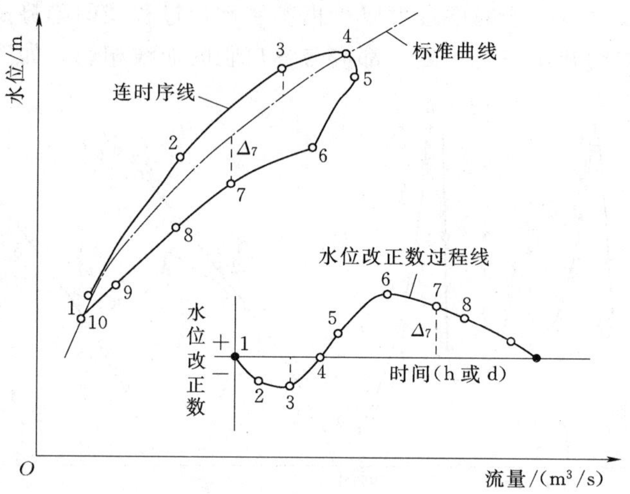

图3.36 改正水位法示意图

者，水位改正数为负值，反之为正值，可列表3.7算得。

(3) 点绘水位改正数过程线。以水位改正数为纵坐标，时间（一般用日，洪峰期可以小时为单位）为横坐标，点绘水位改正数过程线。

表3.7 水位改正数计算表

测次	时间			测时水位 Z/m	实测流量 Q /(m³/s)	标准曲线上查得的水位 Z_C/m	水位改正数 ΔZ /m
	月	日	时				
51	8	21	11	31.57	593	31.65	0.08
52		23	16	31.23	232	31.13	−0.10

在连线水位改正数时可参照水位趋势连成平滑曲线。有些测点精度不高，所以不要见点连线，可通过这些点的中心定线，以消除部分测验误差，对突出点应进行检查分析。测点稀少时，可参照水位或其他有关因素进行插补勾绘。

同时，要根据测站特性来定水位改正数过程线，不能不加分析地使水位改正数过程线与水位过程线完全相应。有时，在涨冲落淤很规律的测站，水位改正数过程线的起伏变化与水位涨落变化相应，如图3.37所示。但遇有涨水冲刷很小或不冲刷，而在落水时才冲刷的测站；或涨水冲刷较大，落水淤积很小的测站，两者的变化就不一定相应，如图3.38所示。

(4) 推流。将时间、水位和水位改正数过程线上查得的水位改正数，列入表3.8，以水位加水位改正数得出改正水位，然后在标准曲线上或制成的水位流量关系表上查读流量。

表3.8 改正水位法流量计算表

时间			水位 /m	水位改正数 /m	改正水位 /m	流量 /(m³/s)	日平均流量 /(m³/s)
月	日	时					
8	22		70.34	−0.05	70.29		330
	25		70.24	−0.10	70.14		242

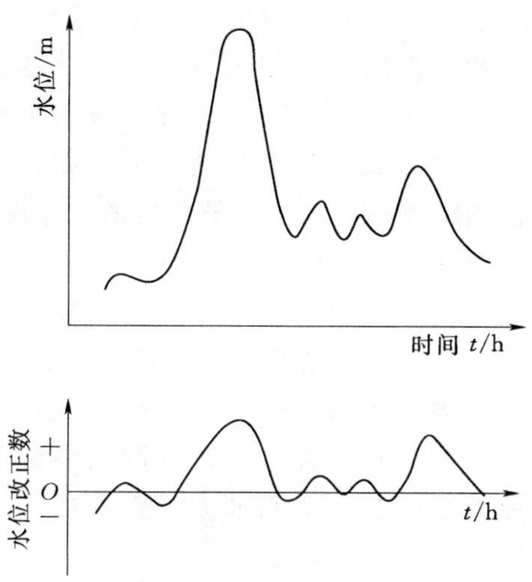

图 3.37 水位改正数过程线与水位变化相应

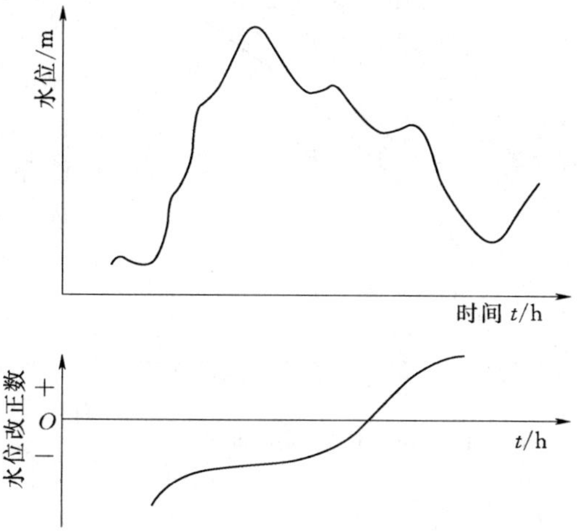

图 3.38 水位改正数过程线与水位变化不相应

用改正水位法推求的月最大、最小流量与月最高、最低水位不一定相应，故必须将月最高、最低水位附近时间的水位、流量求出，进行比较，然后挑选月最大、最小流量值。

2. 标准曲线的确定

(1) 导向原断面法。本法适用于受普遍性冲淤的河段，水位面积、水位流量关系呈纵移状态，且二者的纵移幅度基本相同。

作法为：在水位-面积关系曲线中，选择居中的一次大断面或实测断面作标准断面，绘制的水位-面积关系曲线，作标准面积曲线，然后自每一面积测点作垂线与此标准面积曲线相交，求得纵差。将相应的流量测点，以同方向移动相同的纵差，得导向原断面后的流量测点，用符号“＋”表示，导回后的测点明显较前集中，通过点群中心即可定出标准水位流量关系曲线，如图 3.39 所示。

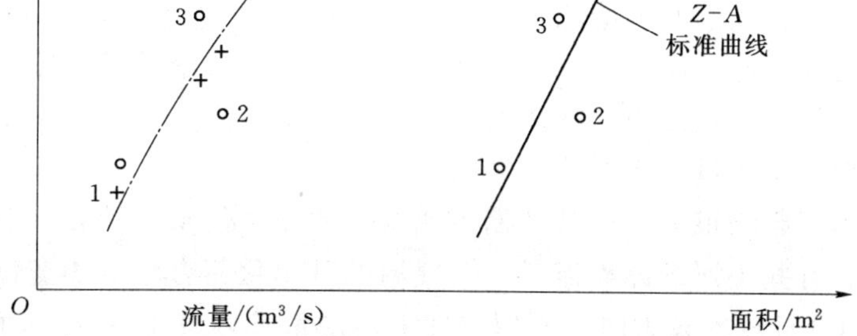

图 3.39 导向原断面法确定标准曲线

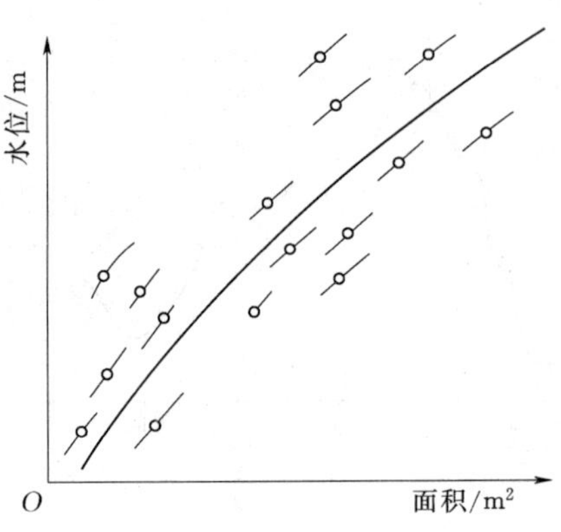

图 3.40　切线法定标准曲线

（2）切线法。在水位面积关系点上，绘出其斜率等于河宽倒数的斜短线，作该点的切线，然后顺各点的切线方向，居中定出一条曲线，作为标准水位面积曲线。再量各面积测点与曲线的纵差，将相应流量测点也同距离移动，即得导向后的流量测点，从而居中定出条标准水位流量关系曲线，如图 3.40 所示。

（3）直接定线法。当断面受局部冲淤影响严重，用导向原断面法效果不好，或冲淤变化不大，流量测点分布成一带状时，可直接在流量测点中间制定一条曲线作标准水位流量关系曲线，再据以求各流量测点的纵差。

3.4.4　改正系数法

本方法适用于结冰期无冰塞、冰坝壅水现象或受水草生长影响，水位流量关系不稳定的时期。改正系数法是水位流量关系单值化处理的另一种方法，同样需要定出一条标准水位流量关系曲线。

1. 影响因素分析

（1）水草影响。在平原地区，某些气温较高，雨量丰沛的河流，水草生长逐渐繁茂时，由于过水面积减小，糙率加大，从而使流量偏小，水位流量关系点子逐渐左移；待茂盛期过去以后，水草逐渐衰死，流量测点恢复正常，水位流量关系点子又逐渐右移。水草影响一般始于初夏、夏末、秋初最盛，中秋以后，气温降低，水草逐渐枯萎。

河床生长水草的测站，当水草生长在河段上的位置不同，对水位流量关系的影响也不同。如生长在控制断面的河槽，则对低水流量影响较大；生长在河槽两岸或滩地上，则只在高水位时才产生影响；如生长在测站下游河段，其对水位流量关系的影响，与生长水草河段的长短及其距控制断面的远近有关；若生长水草的河段较长，且距控制断面近，则影响较大，反之则较小。有时洪水涨落可能对水草的繁殖造成破坏，从而失去其规律性。

受水生植物影响的水位流量关系点子一般较畅流期同水位时流量小，因此，在水生植物生长的季节里，水位流量关系点子都散布在畅流期水位流量关系曲线的左边。

（2）结冰影响。在我国北方结冰河流，冰期流量关系曲线反常，流量测点偏小甚多，有时发生水位大幅度上涨，而流量反而有减小现象，水位流量关系成反比变化。

冰期水流有效过水面积减小，摩阻增大，水位流量关系点子的分布总的趋势是结冰期的点子偏在畅流期水位流量关系曲线的左边。

冰期流量受冰情影响很大，如某处发生冰塞、冰坝，使水位抬高，上游比降减小，形成回水顶托影响。有些小河的冰期流量，随气温的日变化而有相应的变化。当气温每日跨越 0℃上、下变动且日较差较大时，不但可使上游来量日内发生变化，而且本站冰情在日内的变化对水位流量关系也会产生影响。

2. 关系线特性

本方法要求测点多，精度高，控制性好的站。冰期或受水草影响的时期，流量测点都偏小，偏小的幅度随影响程度大小而变，形成的测点较散乱，所定水位流量关系点子都分布在畅流期水位流量关系曲线的左边。各实测流量与同水位在标准曲线上查得的流量的比值，称为改正系数，以该系数为纵坐标，时间为横坐标，绘制的过程线，称为改正系数过程线。

3. 定线推流

（1）标准流量曲线制定。定线时，根据实测流量资料，通过最右边不受影响的畅流期测点，定出畅流期水位流量关系曲线作为标准曲线，如图 3.41 所示。

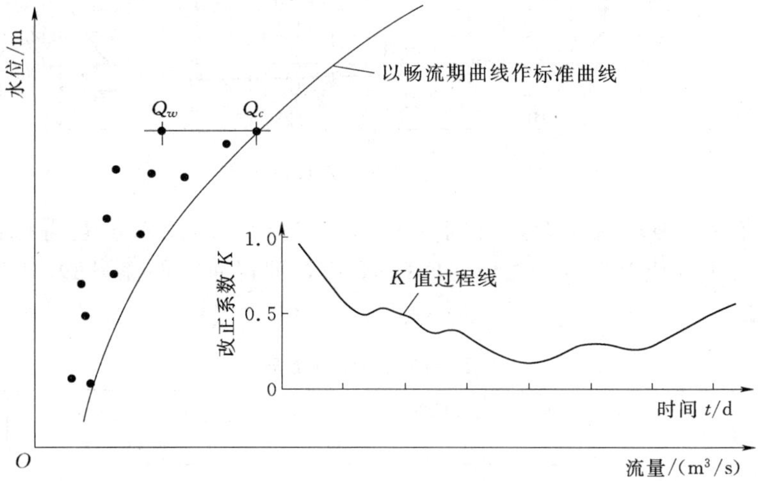

图 3.41　改正系数法的标准曲线和 K 值过程线

（2）计算改正系数。以实测冰期流量 Q_w 与其相应水位在标准曲线上查得的流量 Q_c 之比，得改正系数 K，计算时可按表 3.9 进行。

表 3.9　　改正系数计算表

测次	时间			水位 Z /m	实测流量 Q_w /(m³/s)	标准线上查得流量 Q_c /(m³/s)	改正系数 K
	月	日	时分				
1	1	9		26.32	680	1880	0.36
2		16		26.13	613	1630	0.38

（3）点绘改正系数过程线。以改正系数为纵坐标，时间为横坐标，将算得的 K 值点绘过程线。图中 K 值应能读至 0.01，时间可以日（或小时）为单位。因 $Q_w < Q_c$，K 值应小于 1.0，若值等于 1.0 时，表示不受结冰影响。

K 值过程线一般应通过实测点，遇有突出点时应检查分析。连线时应参照有关因素，如水浸冰厚、水位过程线等，连成一条平滑的过程线。在一般情况下 K 值随水浸冰厚的增加而减小，随水位的升高而增大，如图 3.42 所示。

在无冰塞的正常情况下，K 值过程线两端在秋季和次年春季不受结冰影响之日衔接处，K 值等于 1.0，以此点为控制，参照附近冰期实测点把 K 值过程线连接起来。

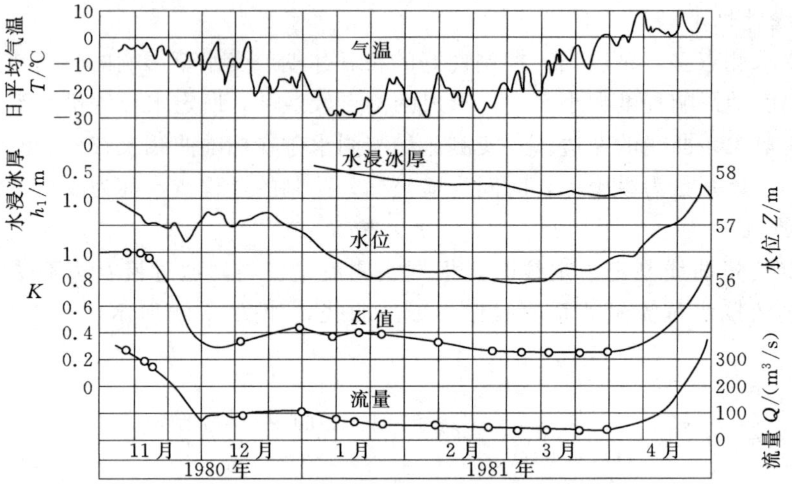

图 3.42　冰期改正系数过程线

（4）推算流量。推求流量时，可列如表 3.10 进行，即以水位查得标准曲线上流量 Q_c，乘以自 K 值过程线上查得的相应时间的 K 值，即得所求的流量 Q，标准曲线可制成水位流量关系表。

表 3.10　　改正系数法流量计算表

月	日	时分	日平均水位 /m	标准线上查得流量 /(m³/s)	过程线上查得改正系数 K	日平均流量 /(m³/s)
1	9		26.36	1930	0.4	772
	16		17	1680	0.39	655

（5）定线时的注意事项。确定冰期与畅流期的界线，即 $K=1.0$ 的日期，应根据冰情资料、水位过程线及水位流量关系曲线上关系点子的偏小等情况作综合考虑。

冰期与畅流期的过渡时段，可用连时序法或连实测流量过程线法处理。连时序法用于有实测流量且水位流量关系变化不十分剧烈的条件下，如图 3.43 所示；连实测流量过程线法用于流量变化比较复杂的情况下，可先点绘水位过程线，然后依时序点绘实测流量点，在没有测点或测点稀少处，应考虑水位过程线的趋势，才能连出流量过程线，如图 3.44 所示。

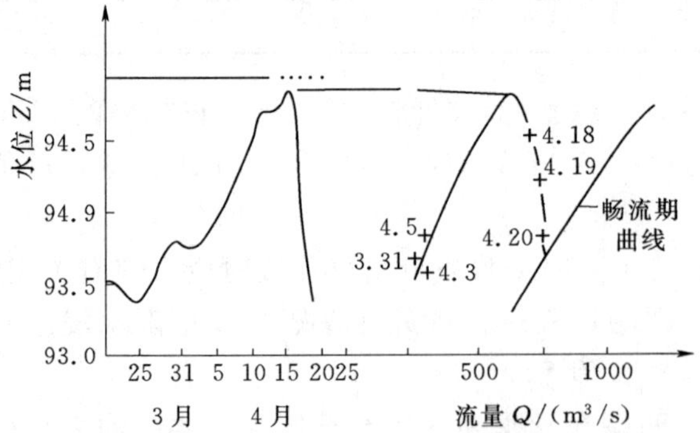

图 3.43　春冰期与畅流期的过渡曲线

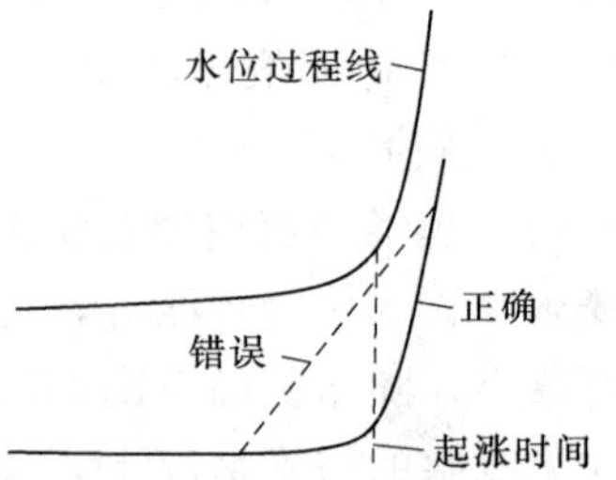

图 3.44　融冰时的流量过程线连法

绘过渡段 K 值过程线时，应注意冰及水位的变化，由于稳定封冻期的首末实测流量常不能在刚刚封冻与快开冻时实测，此时必须参照冰情记载与冰厚记录来连过程线。过渡段往往容易发生冰塞冰坝，遇此情况应将本站水位过程线与上下游站相比较，再行处理。K 值过程线上下年不一定衔接，因上下年可能分别用不同线计算 K 值，但流量应衔接。

关于标准曲线的选择问题，一般冬季用本年汛后的，春冰为了及时推流，也可采用上年汛后的或本年第一条（汛前的）关系曲线推求。

改正系数法用于受水生植物影响时，方法与步骤同上。其不同之处有以下两点：

1）采用的标准曲线是根据不受水草影响时的实测流量定出的水位流量关系曲线。

2）改正系数过程线主要随水生植物生长、枯萎情况而变化，由于水草生长和枯萎是逐渐变化的，改正系数过程线也应是一条平缓的光滑曲线。但在洪水过程中水草被冲走一部分或全部时，过程线可能有突然变化。改正系数的最小值，应发生在水草生长最茂盛之时。当 K 值等于 1.0 时，表示流量已不受水生植物影响。绘制 K 值过程线时，应参照水位过程趋势确定。

3.4.5 洪水绳套曲线法

绳套曲线法是假定在洪水涨落期间，各实测点间流量变化连续。因此，可按水位流量关系点子时间的先后顺序，联结绳套曲线，用以推流。

绳套曲线法是连时序法的一个特例，其实质就是连时序法。因此，其适用条件、定线及推流方法同连时序法。

1. 定线和推流方法

（1）点绘水位流量、水位面积、水位流速关系点子，依测点时序进行分析，找出水位流量关系点子的分布规律，然后对照水位过程线的起伏变化，按测点的时间顺序连接水位流量关系。

（2）推流时，可用逐时水位直接在绳套曲线上查读流量，然后据以计算日平均流量。

2. 关系曲线特征

实际工作上对受洪水涨落影响的流量资料，多采用绘制洪水绳套曲线的方法。连洪水绳套曲线，要求测点多，涨落水部分均有测点控制，适用于单式、复式和连续起伏的洪峰，如图 3.45 所示。

在单纯受洪水涨落影响的测站，水位-面积曲线为单一型、水位流量与水位流速关系测点分布相应，即偏大都偏大、偏小都偏小。当涨水时，测点在正常曲线右边；落水时，测点在正常曲线左边；在峰顶、峰谷处，测点分布在正常曲线上。因此，在一次洪水涨落过程中，依时序连接各实测点，水位-流量、水位-流速关系曲线皆呈现为一逆时针绳套曲线。洪水绳套上各水力因素的极值出现顺序依此为：最大比降（最大涨落率）、最大流速、最大流量、最高水位；洪水绳套曲线与水位过程线关系密切；复式绳套中后一个绳套较前一个绳套偏左。

为使连绘的绳套曲线符合洪水涨落的特性，一定要配合洪峰水位过程线来定线。定线时要掌握洪峰特性，实测点涨落率大时，偏离正常曲线远；涨落率小时，偏离正常曲线近；最大流量出现最高水位之前；最高水位处，绳套曲线与正常曲线相交；绳套曲线在最

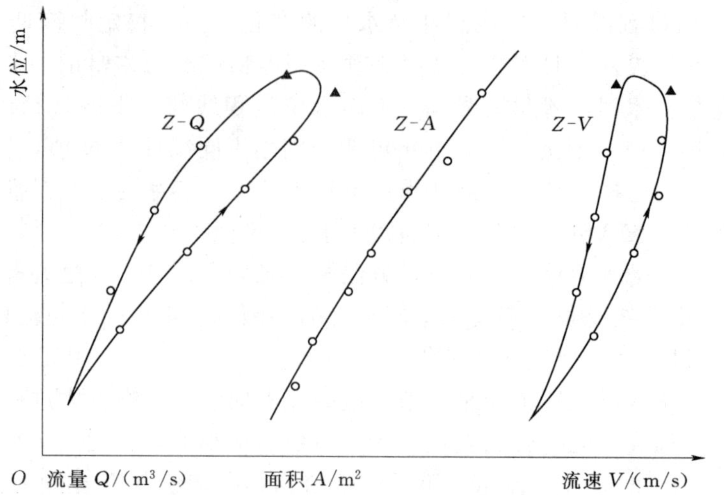

图 3.45　洪水绳套曲线

高水位转弯处，应光滑连续，不应有陡弯、陡尖和突变形态；参照水位过程线，无测点处，当涨落率变化小时，绳套曲线应离正常曲线近些，涨、落过程中，当发现涨落率为零时，绳套曲线应接近正常曲线。以上这些特性，说明连洪水绳套线不同于连时序法，不能见点连线，应判断每个测点涨落率与偏离正常曲线是否相符，还要严格参照水位过程线的变化趋势。

当洪峰涨水支线无点或稀少（多发生在暴涨暴落河流）、连洪水绳套曲有困难时，可借用校正因数法计算插补各级水位或转折处的流量，作辅助测点，帮助勾绘绳套曲线，克服任意性，能取得较为满意的结果。

3.4.6　连实测流量过程线法

这种方法适用于流量测次较多、流量测验精度较高，基本上能控制流量的变化过程，同时水位流量关系较复杂，难以采用水位流量关系定线推流的测站。尤其是对于水位起伏变化大，而流量变化平缓的站更适宜采用。定线推流方法如下。

（1）绘制水位过程线，并在同一图上依时序点入实测流量点。

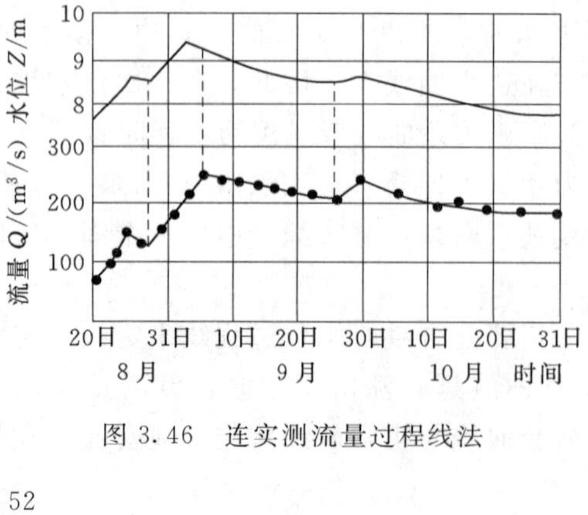

图 3.46　连实测流量过程线法

（2）比较水位过程线与实测流量点的趋势，发现突出点和峰谷缺乏测次时，应进行分析并插补出相应的峰谷点。

（3）根据突出点分析和峰谷插补结果，通过各实测点并参考水位趋势连成过程线。

（4）直接在过程线上查读逐时流量，如图 3.46 所示。

使用本方法的注意点：①注意绘制流量过程线时，应参照水位过程线，从中可以发现突出点并插补出峰、谷点；②对峰、谷点特别是月年极值点进行插补时，应充分考虑测站特性，结合洪水特点，必要时还应点绘出缺测部分的局部水位流量、水位面积关系曲线进行分析；③对由于插补而整编出的极值还应结合上下游进行合理性对照分析，以减少插补点导致的整编成果的任意性。

3.5　水力因素法流量资料整编

水力因素型流量资料整编方法有校正因数法、抵偿河长法、落差法。

3.5.1　校正因数法

校正因数法是以洪水流量基本方程为基础，通过试算法建立 $Z-Q_c$ 和 $Z-\frac{1}{uS_c}$ 两条关系曲线来整编流量资料的一种方法，适用于受洪水涨落影响的单式洪水绳套，对于复式绳套则需分割洪峰分别进行校正。

定线时，用洪水流量基本公式（3.21）通过试算求解。

$$Q_m=Q_c\sqrt{1+\frac{1}{uS_c}\cdot\frac{\Delta Z}{\Delta t}} \tag{3.21}$$

具体方法如下。

（1）假定同水位不同涨落率的流量符合式（3.22）

$$\frac{Q_m}{Q_c}=\sqrt{1+\frac{1}{uS_c}\cdot\frac{\Delta Z}{\Delta t}} \tag{3.22}$$

式中　Q_m——受洪水涨落影响时的流量，m^3/s；

Q_c——与 Q_m 同水位的稳定流流量，m^3/s；

u——洪水波传播速度，m/s；

S_c——稳定流时的比降；

ΔZ——Δt 时间内水位增量，m；

$\sqrt{1+\frac{1}{uS_c}\cdot\frac{\Delta Z}{\Delta t}}$——校正因数。

（2）初步绘制 $Z-Q_c$ 关系曲线：通过实测的水位流量关系点据中心定一条稳定时期的水位流量关系曲线。

（3）绘制 $Z-\frac{1}{uS_c}$ 关系曲线：根据水位过程计算各测点涨落率，由实测点的水位推得 Q_c 值，按式（3.22）计算各测点的 $\frac{1}{uS_c}$ 值，绘出 $Z-\frac{1}{uS_c}$ 关系曲线。

（4）检验 $Z-Q_c$ 关系曲线：用各实测点的水位推得 $\frac{1}{uS_c}$，用式（3.22）反算出 Q_c 值，如果 Q_c 与 $Z-Q_c$ 关系线的偏差符合定单一曲线的要求，则认为原定的 $Z-Q_c$ 曲线合格；否则，应根据 Q_c 对原定曲线进行修正。

（5）根据水位过程计算涨落率 $\frac{\Delta Z}{\Delta t}$，再由水位推得 Q_c 和 $\frac{1}{uS_c}$ 值，按式（3.21）计算 Q_m

即为所求流量，如图 3.47 所示。

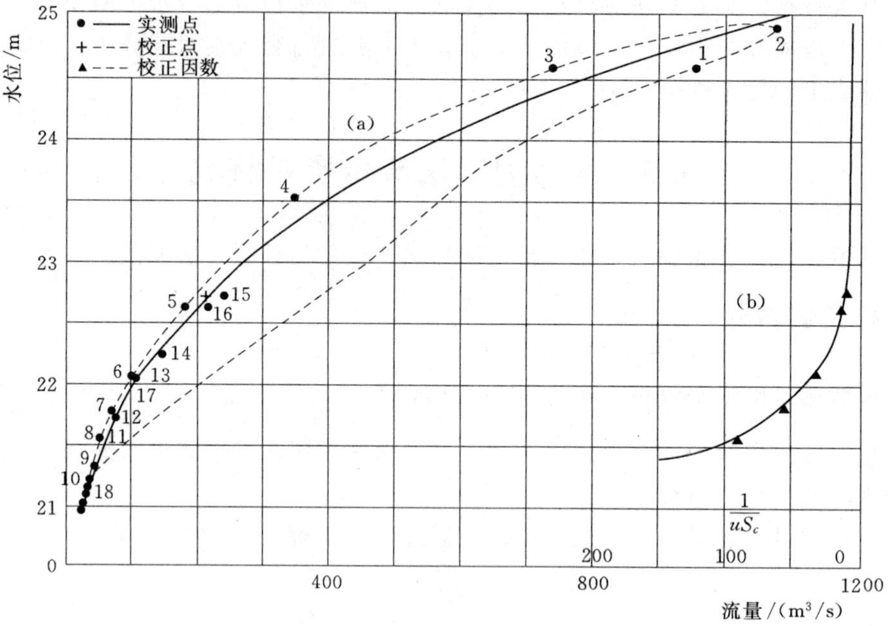

图 3.47 校正因数法水位流量关系图

3.5.2 抵偿河长法

该法适用于断面比较稳定，断面附近上游无支流汇入，水位流量关系受洪水涨落影响的测站。在洪水涨落影响下，水流为非稳定流，单值关系不复存在，此时可以借助抵偿河长的概念来进行分析。

抵偿河长是指能使河段中断面水位、河槽蓄量和下断面流量三者之间保持单值函数关系所对应的河段长度，如图 3.48 所示。

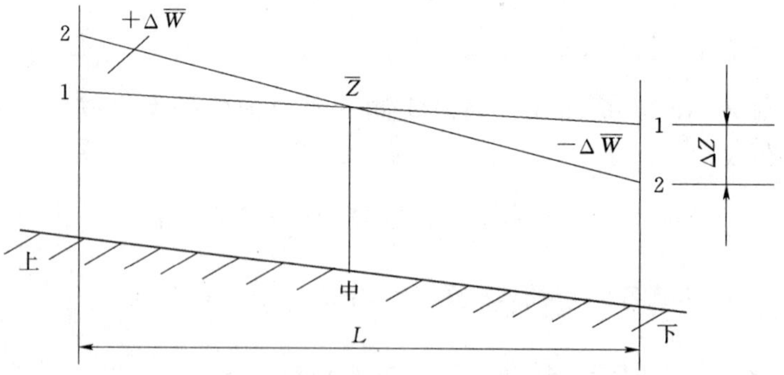

图 3.48 抵偿河长示意图

由于使用抵偿河长法的角度不同，定线、推流的具体方法有上游站水位法和本站水位后移法两种，其共同点是都不直接计算抵偿河长，而用试算法确定稳定流的水位流量关系，用于推流。

1. 上游站水位法

上游断面的位置用试算法确定。设抵偿河长为 L，在测流断面上游 $L/2$ 附近几个断面分别设立几组水尺同时观测水位，并分别建立各断面水位与测流断面流量的关系，其中水位流量呈单一曲线的那组点据水尺所在断面，即为抵偿河长的中断面。推流时，用上游站水位 Z 直接在建立的 $Z-Q$ 关系曲线上查读流量。这种方法由于所设水尺组较多，观测工作量大，因此实际应用不多。

2. 本站水位后移法

本站水位后移法是用本站实测流量，与本站测流时间后移一个时段的水位建立关系，使绳套曲线转化为单一的水位流量关系曲线。后移时间 ΔT 为洪水波在抵偿河长 L 的传播时间 τ 的 1/2，即 $\Delta T=\tau/2$。

（1）确定后移时间初值。在实际水位流量关系图中，选取几个具有代表性的、涨落率较大的测点，分别量出各测点距离稳定的水位流量关系曲线的水位差 ΔZ，除以相应的涨落率 $\Delta Z/\Delta t$，令 $\Delta T=\Delta Z/(\Delta Z/\Delta t)$，取几个点据 ΔT 的平均值即可作为初始值。

在图 3.49 中，ΔT_1、ΔT_2 分别为 2、5 测次相应初算 1/2 的特征河长传播时间。几点初算后移时间的平均值，即为后移时间的初试值。

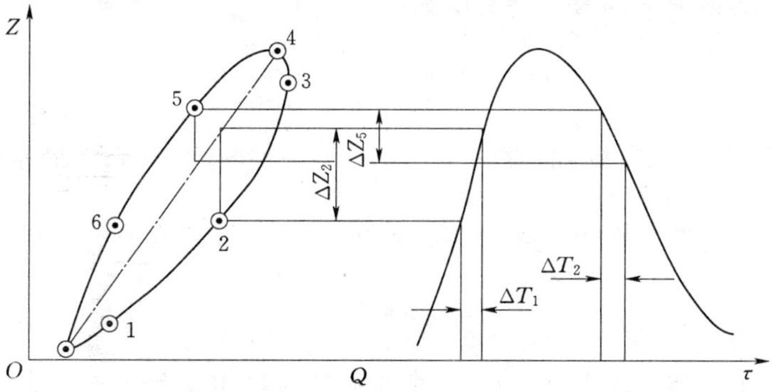

图 3.49 后移时间估算方法

（2）用试算法确定 $Z_{t+\Delta t}-Q$ 关系曲线。以初始值为基础，将实测流量与其相应的平均测流时间后移 ΔT 的水位 $Z_{t+\Delta t}$ 点绘关系图或拟合曲线方程。

如后移之后的水位流量关系点的分布仍为逆时序绳套，仅绳套幅度较原绳套曲线变小时，说明所取后移时间 ΔT 过短；如后移之后的水位流量关系点为顺时序绳套，则说明所取后移时间 ΔT 过长，根据此规律进行试算和调整后移时间。若关系线符合精度要求，则此关系线即为所求的实测流量与本站后移时间 ΔT 的水位的关系曲线，ΔT 即为所求 $\tau/2$。

推流时，只需将水位后移 $\Delta T=\tau/2$，即可在所率定的关系曲线上推求出流量。例如，若已确定 $\Delta T=5$h，用 13 时的水位，可在已定的水位流量关系上查得流量为 8 时的流量。图 3.50 为某站一次洪水应用本站水位后移法进行单值化处理的实例。

3.5.3 落差法

对于受变动回水影响的测站可以用落差法进行整编，其基本关系式为

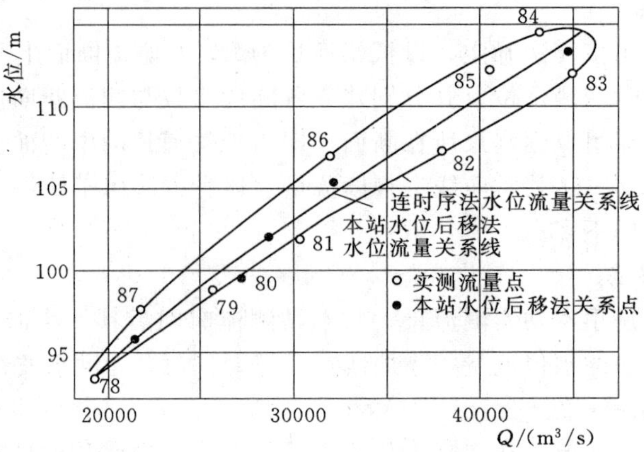

图 3.50 某水文站水位后移法实例

$$Q=f(Z,\Delta Z),\frac{Q_1}{Q_2}=\left(\frac{\Delta Z_1}{\Delta Z_2}\right)^{\beta}$$

对于受洪水涨落影响的测站，只要比降与落差的关系较好，也可以用落差法进行整编。因为从洪水涨落影响下的流量公式中知：

$$Q_m=Q_c\sqrt{1+\frac{1}{uS_c}\cdot\frac{\Delta Z}{\Delta t}}$$

其中：$\frac{1}{u}\cdot\frac{\Delta Z}{\Delta t}$为洪水波附加比降，$S_c+\frac{1}{u}\cdot\frac{\Delta Z}{\Delta t}=S_m$ 为洪水波的水面比降，则上式为$\frac{Q_m}{Q_c}=\left(\frac{S_m}{S_c}\right)^{\frac{1}{2}}$，当比降与落差关系较好，并将“1/2”用$\beta'$代替时，则

$$\frac{Q_m}{Q_c}=\left(\frac{\Delta Z_m}{\Delta Z_c}\right)^{\beta'} \tag{3.23}$$

此时的β'除含有β值的含义外，还有因洪水波传播引起的比降因素，即 $\beta'=\beta+\Delta\beta$。当落差与比降关系好时，$\Delta\beta\approx0$。式（3.23）可以改写为

$$\frac{Q_m}{Q_c}=\left(\frac{\Delta Z_m}{\Delta Z_c}\right)^{\beta} \tag{3.24}$$

1. 定落差法

该法适用于断面比较均匀，河底比较平坦，在不受回水影响时水面比降接近河底坡度的测站。同水位下，不同的落差与流量之间关系符合式（3.24），定线时，一般先选定实测落差的较大者作为定落差 ΔZ_c，与定落差相应的流量，称为定落差流量 Q_c，它和水位呈单值关系。已知实测流量 Q_m、落差 ΔZ_m 及相应水位，未知量为 ΔZ_c、Q_c、落差指数 β，要求解它们必须建立有关方程组进行求解。定落差法所用到的方程式为

$$\Delta Z_c=C \quad Q_c=f_1(Z) \quad \frac{Q_m}{Q_c}=f_2\left(\frac{\Delta Z_m}{\Delta Z_c}\right)$$

具体计算时采用试算法求解，步骤如下。

（1）点绘 $Z-Q_m$ 关系点，并注上各点相应落差 ΔZ_m；选 ΔZ_m 中较大者作为定落差 ΔZ_c。

（2）计算与 Q_m 同水位的定落差流量 $Q_c=Q_m/\sqrt{\Delta Z_m/\Delta Z_c}$。

(3) 点绘 $Z-Q_c$ 关系点，并定出关系线 $Z-Q_c$。

(4) 在 $Z-Q_c$ 关系线上，由实测水位 Z 查读相应流量 Q_c。

(5) 计算同一水位下的 (Q_m/Q_c) 和 ($\Delta Z_m/\Delta Z_c$)，点绘经过点 (1，1) 的关系曲线 (Q_m/Q_c)-($\Delta Z_m/\Delta Z_c$)。

(6) 检验：由实测水位 Z 相应的 ΔZ_m 和已知的 ΔZ_c 计算出 $\Delta Z_m/\Delta Z_c$，并在曲线上查得校正的 $[Q_m/Q_c]$；计算 $Q_c'=Q_m/[Q_m/Q_c]$；在原图上点绘 $Z-Q_c'$ 关系点，这些点据称为定落差点，并检验这些点子是否密集在原定曲线两侧，如果密集，则定线完毕，这时所定 $Z-Q_c$ 和(Q_m/Q_c)-($\Delta Z_m/\Delta Z_c$)曲线为所求；如果不密集，则修改 $Z-Q_c$ 关系线。

(7) 推流：已知 Z、ΔZ_c、ΔZ_m 及所定的 $Z-Q_c$、(Q_m/Q_c)-($\Delta Z_m/\Delta Z_c$)两关系曲线，由 Z 在 $Z-Q_c$ 曲线上查出 Q_c，计算 ($\Delta Z_m/\Delta Z_c$) 并在(Q_m/Q_c)-($\Delta Z_m/\Delta Z_c$)关系曲线查出对应的 (Q_m/Q_c) 值，则 Z 所相应的流量 $Q_m=Q_c\left(\frac{Q_m}{Q_c}\right)$，如图 3.51 所示。

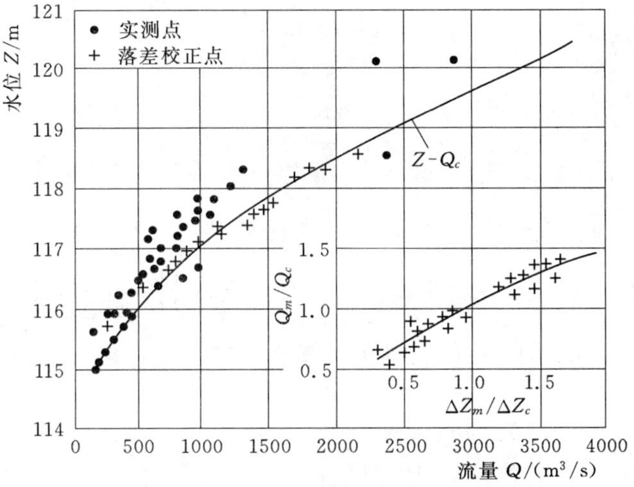

图 3.51 定落差法水位流量关系图

2. 等落差法

本法的基本假定是：断面稳定，用上下落差水尺计算的比降能代表基本水尺处的水面比降。此时，流量可表示为水位落差的函数 $Q=f(Z, \Delta Z)$。

当落差 ΔZ 不变。Q 是 Z 的单值函数，此时定出一条单一的稳定曲线；当 Z 不变时，Q 是落差的函数，同水位下，流量将随落差的不同而不同。本法特点是：以落差为参数，绘制各种落差下的水位流量关系曲线，形成曲线簇。要求流量测点较多，且能分布于各级水位和各种落差值的情况下，才能定出比较合理的曲线簇。

定线推流方法如下。

(1) 在水位流量关系图上，点绘关系点，并将落差值注在测点旁边。

(2) 依据测点落差值相近，高低水控制较好的测点，绘制已确定的等落差下的流量相关曲线，如图 3.52 所示。

(3) 曲线簇的调正，即用式 (3.25)

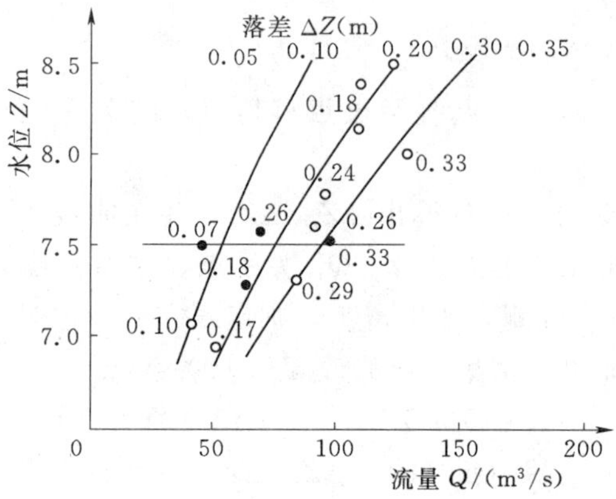

图 3.52 等落差水位流量关系曲线

$$\frac{Q_1}{Q_2}=\left(\frac{\Delta Z_1}{\Delta Z_2}\right)^{\beta} \tag{3.25}$$

两相邻曲线的落差 ΔZ_1、ΔZ_2 为已知，其比值的 β 次方亦为定值。因此，在各级水位的同水位下，Q_1/Q_2 的比值应为定值，若有变化，表示不符合式（3.25），应进行调整曲线，使之基本符合为止。

（4）插补曲线：有时确定的落差值的测点太少，无法据以定线，此时可根据式（3.25）的特性，插补一些测点，从而确定和延长某些等落差下的相关曲线。方法是将式（3.25）取对数，求出 β。

$$\lg\frac{Q_1}{Q_2}=\beta\lg\frac{\Delta Z_1}{\Delta Z_2}$$

整理得

$$\beta=\frac{\lg\dfrac{Q_1}{Q_2}}{\lg\dfrac{\Delta Z_1}{\Delta Z_2}} \tag{3.26}$$

如图 3.53 所示，已知 ΔZ_1、ΔZ_4 两条等值线相关曲线已定出，欲插 ΔZ_2、ΔZ_3 的曲线，可用已知的 ΔZ_1、ΔZ_4 两条曲线反求出 β 值，再按 $\frac{Q_1}{Q_2}=\left(\frac{\Delta Z_1}{\Delta Z_2}\right)^{\beta}$、$\frac{Q_1}{Q_3}=\left(\frac{\Delta Z_1}{\Delta Z_3}\right)^{\beta}$ 分水位级算出各级水位下的 Q_2、Q_3，从而可定出等落差值 ΔZ_2、ΔZ_3 下的水位流量关系曲线，如图 3.53 所示。

（5）推流：以基本水尺处的水位及其落差值，在曲线簇中相应的落差曲线上直接查读流量，无此落差值的曲线时，在两已知落差曲线内插得出。

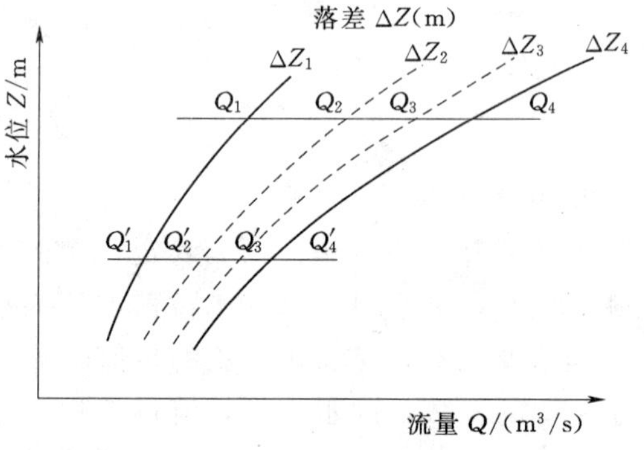

图 3.53 等落差水位流量关系曲线插补

3. *落差指数法*

落差指数法以落差法为基础，通过优选落差指数 β，并建立水位与流量同落差 β 次方之比的关系曲线来整编流量。该法适用于断面基本稳定，受变动回水或变动回水及洪水涨落综合影响的测站。

将落差法基本公式变换为：$\frac{Q_1}{(\Delta Z_1)^{\beta}}=\frac{Q_2}{(\Delta Z_2)^{\beta}}=\cdots$，在同水位下，$Q/(\Delta Z)^{\beta}$ 为一常数，即 $Q/(\Delta Z)^{\beta}$ 是水位的单值函数，$Q/(\Delta Z)^{\beta}=f(Z)$ 为单一关系。落差指数 β 必须通过试算，根据方差或标准差最小的原则优选。在率定水位 Z 与 $Q/(\Delta Z)^{\beta}$ 关系（定线）时，已知：实测流量 Q_m 及相应水位 Z_m 和落差 ΔZ_m；具体操作时，可以通过建立落差指数 β 和 $Z-Q_m/(\Delta Z_m)^{\beta}$ 关系曲线求解。

首先，假定初始值 β_1，根据实测流量 Q_m 及相应落差 ΔZ，计算 $q_m=Q_m/(\Delta Z)^{\beta_1}$ 值，点绘 Z_m-q_m 关系线或选配 Z_m-q_m 关系方程，由各点与关系线的离差求出其相应的标准差 S_1（或方差），再假定一个 $\beta_2(>\beta_1)$。重复上述步骤，又得到标准差 S_2。再假定几个 β 值，就得到一系列数据（β_1，S_1）、（β_2，S_2）、…，绘制 $\beta-S$ 关系线，如图 3.54 所示，以标准差最小为目标，即可寻得最优的 β 值。将优选的 S 与规范规定的水力因素型方法定线标准差进行比较，若符合规定标准，则 β 值和 $Z-q_m$ 关系曲线即为所求，如图 3.55 所示。

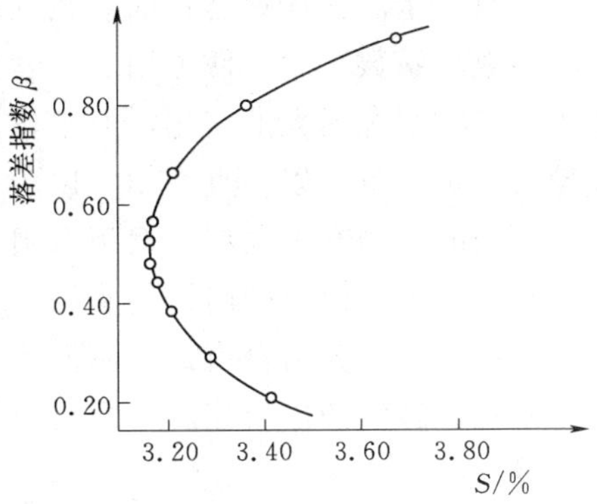

图 3.54　某水文站落差指数与标准差关系图

推流时，根据优选的 β 值，计算落差 ΔZ、ΔZ^β 值，用本站实测水位在 $Z-q_m$ 关系曲线上查得 q_m 值，将它与相应时间的 ΔZ^β 值相乘，即可求得 Q_m 值。

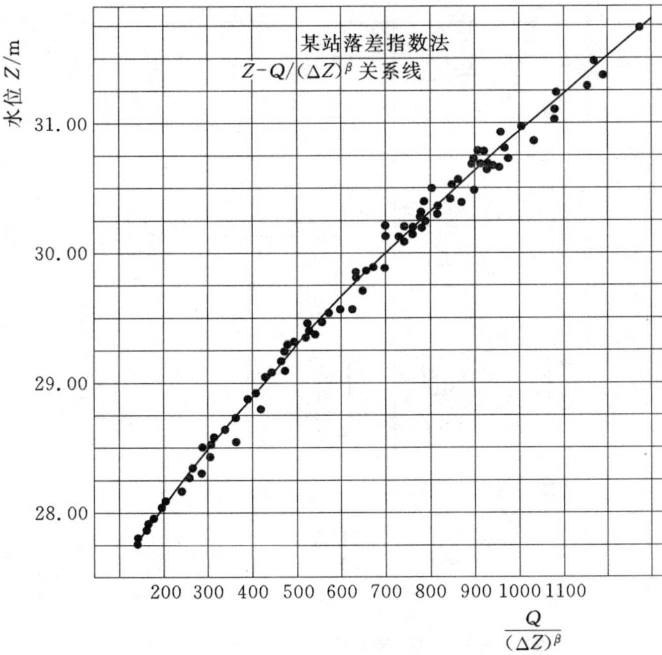

图 3.55　落差指数法 $Z-\dfrac{Q}{(\Delta Z)^\beta}$ 关系曲线

3.6　水工建筑物流量资料整编

水工建筑物本身是很好的量水建筑物，主要包括堰闸、涵管、隧洞、水电站、电力抽水站等。这些水工建筑物都有对应的流量计算公式，公式中的系数需要在推流前率定，其方法是根据水工建筑物的型式、开启情况、流态等因素，先施测一段时间的流量，用实测流量资料率定流量计算公式的系数（堰闸、涵管、隧洞称为流量系数，水电站、电力抽水站称为效率系数）后，便可用水力学公式推算水工建筑物的过水流量。系数率定后，只要水工建筑物情况无大的变化，或水轮发电机，电力抽水机的性能不变，且上、下游河道断面较为稳定，就可以一直使用，以后只需按有关规范要求进行校测即可。

堰闸的类型有平底闸、宽顶堰闸、实用堰闸和跌水壁闸等。堰闸的过水流态，分为堰流、孔流。无闸门或闸门提出水面转为堰流，闸门未提出水面的为孔流，按其下游水位对出流的影响，可分为自由式、淹没式。

涵管、隧洞的出流流态，当有闸门控制时，可分为有压管流、半有压管流、孔流、无压流等。

一般堰闸的流态分类，见表3.11，堰闸、涵管、隧洞流量系数的计算公式，见表3.12。

表3.11　　堰闸流态分类

类别	出流状态 堰闸类型	自由堰流	淹没堰流	自由孔流	淹没孔流
1	平底闸	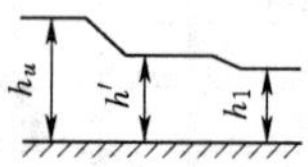	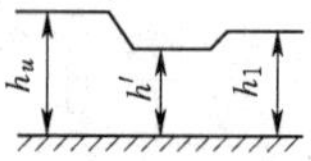	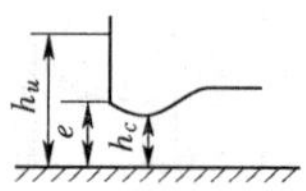	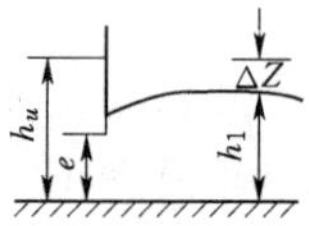
2	宽顶堰闸	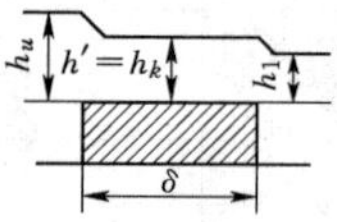	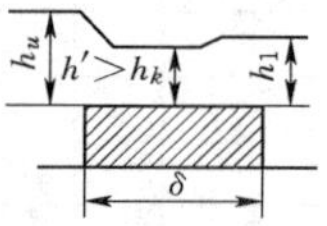	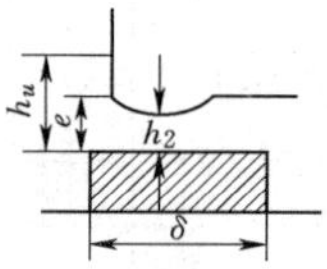	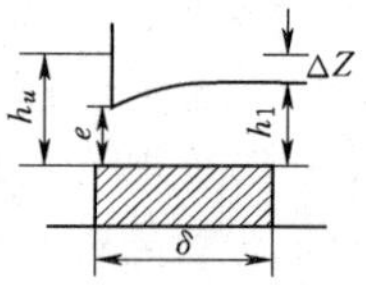
3	实用堰闸	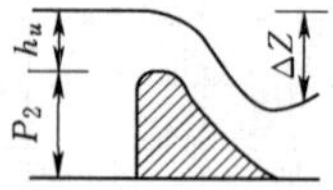	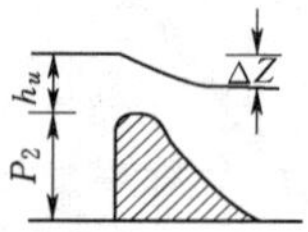	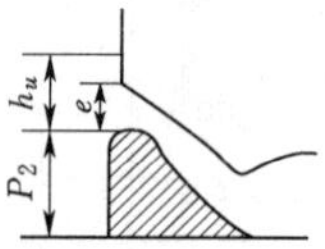	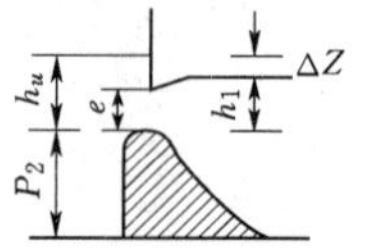
4	跌水壁闸	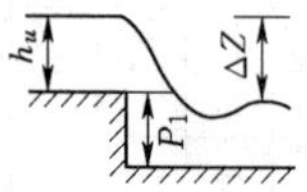	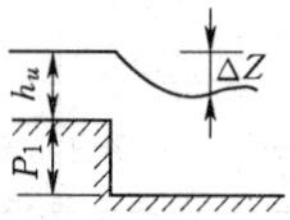	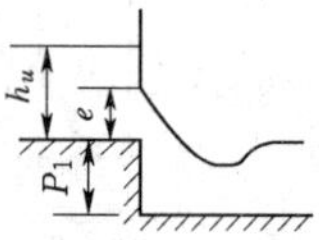	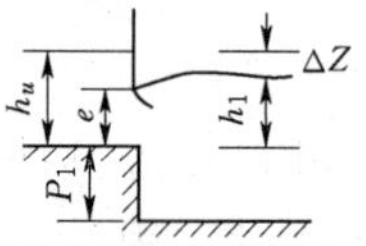

表3.12　　堰闸、涵管、隧洞流量计算公式及相关因素

公式编号	流量计算公式	相关因素	适用范围	
			出流状态	堰闸、涵管类型
1	$Q=C_1Bh_u^{3/2}$	h_u-C_1	自由堰流	一般堰闸
2	$Q=\sigma C_1Bh_u^{3/2}$	$\frac{h_L}{h_u}-\sigma$ 或 $\Delta Z/h_u-\sigma C_1$	淹没堰流	一般堰闸
3	$Q=C_2Bh_L\sqrt{\Delta Z}$	h_L-C_2	淹没堰流	平底闸、宽顶堰闸
4	$Q=M_1Be\sqrt{h_u-h_c}$	e/h_u-M_1	自由孔流	平底闸、宽顶堰闸、平板及弧形闸门闸

续表

公式编号	流量计算公式	相关因素	适用范围	
			出流状态	堰闸、涵管类型
5	$Q=M_1Be\sqrt{h_u}$	e/h_u-M_1	自由孔流	适用堰、跌水壁堰、平底堰
6	$Q=M_2Be\sqrt{\Delta Z}$	$e/\Delta Z-M_2$	淹没孔流	一般堰闸
7	$Q=\mu_1\alpha\sqrt{h'_u-h_p}$	$e/d-\mu_1$	有压、半压自由管流	一般涵洞、长洞
8	$Q=\mu'_1\alpha\sqrt{h'_u-h_p}$	$e/d-\mu_1$	有压淹没管流	一般涵洞
9	$Q=\mu_2bh^{3/2}$	$h-\mu_2$	无压自由出流	一般涵洞
10	$Q=\mu_\sigma bh^{3/2}$	$h_L/h-\mu_\sigma$	无压淹没流	一般涵洞
11	$Q=\mu_3\alpha'\sqrt{h}$	$e/d-\mu_3$	自由孔流	进口设置有短管无压隧洞

注 表中相关符号说明：Q—流量，m^3/s；h_u—上游水头，m，$h_u=Z_u-Z_a$，Z_u—上游水位，m，Z_L—下游水位，m；h_L—下游水头，m，$h_L=Z_L-Z_a$，Z_a—闸底或堰顶高程，m；h_c—收缩断面处水深，m；h'_u—涵管出口中心以上水头，m；h_p—下游势能；h—涵管进口水头，m；ΔZ—上下游水位差，m，$\Delta Z=Z_u-Z_L$；e—闸门开启高度，m；B—闸孔总宽或开启净宽，m；b—涵管宽度；d—涵管高度，m；α—涵管断面面积，m^2；α'—涵管进口闸孔过水面积，m^2；C_1、C_2—自由、淹没堰流流量系数；M_1、M_2—自由、淹没孔流流量系数；μ_1、μ'_1—有压、半有压自由、淹没管流流量系数；μ_2、μ_σ—无压自由、淹没孔流流量系数；μ_3—进口设置有短管无压隧洞自由孔流流量系数；σ—淹没系数。

流态的判别，是正确选用计算公式的依据之一，一般应以实际观测为准。如无观测资料，可根据不同堰闸类型、有关水利因素等，参照水力学有关方法进行判别。

对堰闸、涵管流量资料进行整编时，需要计算流量系数；对于水力发电站、抽水机站等，需要率定效率系数；由于流量系数或效率系数并非一个常数，而是随某些因素变化的，故必须先与有关因素建立相关曲线，然后从曲线上查出流量系数或效率系数，代入相应的流量计算公式算出流量。其推流步骤如下。

（1）计算流量系数。根据水工建筑物的形式、出流方式、实测流量和水位等，选择条件适合的流量计算公式反算流量系数或效率系数。

（2）建立流量系数或效率系数与相关因素的关系。影响流量系数或效率系数的因素很复杂，可选取一两个能经常观测的主要因素和流量系数或效率系数建立关系。

（3）绘制查算流量工作曲线。将实测流量点绘入，检查工作曲线有无系统偏离。推流时可直接查读曲线，也可制成推流表在表中直接查读。

（4）用计算机进行整编时，可用数学模型拟合关系曲线或流量系数曲线进行推流。

3.6.1 流量系数法

堰流是指无闸门设备或闸门已提出水面的堰坝出流。

1. 自由式堰流

当下游水位不影响出流时，为自由式出流，其流量公式为

$$Q=C_1Bh_u^{3/2} \tag{3.27}$$

流量 Q 随上游水头 h_u 而变，h_u 主要取决于上游水位 Z_u，则 Q 与 Z_u 之间具有稳定的关系。定线推流的操作步骤如下。

（1）计算流量系数 C_1。由实测流量资料，按式（3.28）计算

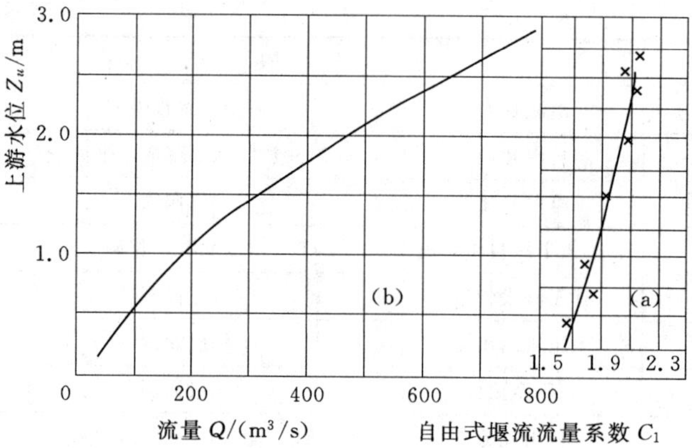

图 3.56 自由式堰流水位流量关系曲线

$$C_1=\frac{Q}{Bh_u^{3/2}} \tag{3.28}$$

(2) 绘制流量系数与相关因素关系曲线。一般选用上游水位 Z_u 为相关因素，点绘流量系数 C_1 与上游水位 Z_u 相关图，通过点群中心定出一条 Z_u-C_1 关系曲线，如图 3.56 中 (a) 所示。

(3) 绘制水位流量关系曲线。选取各级上游水位 Z_u，在 Z_u-C_1 关系曲线上查出各 C_1 值代入式 (3.27) 算出相应的流量，按照计算结果，绘制 Z_u-C_1 关系曲线，如图 3.56 中 (b) 所示。

(4) 推流。推流时可直接以上游水位在该曲线上查读流量，也可制成 Z_u-C_1 关系检数表，供查用。

2. 淹没式堰流

当堰闸下游水位影响出流的大小及溢流的状态时，称为淹没式堰流。

淹没式堰流的定线推流分为两种情况，具体操作步骤如下。

(1) 适用于一般堰闸自由式堰流和淹没式堰流都有发生的情况，其计算公式为

$$Q=\sigma C_1 Bh_u^{3/2}=\sigma Q_0 \tag{3.29}$$

式中 σ——淹没系数；

Q_0——自由式堰流流量，m^3/s。

用 σ、C_1 系数定线推流。按式 (3.29) 整编时，定线推流又可分为以下两种情况。

当淹没式堰流与自由式堰流皆有出现时，由式 (3.29) 可知，在此情况下淹没式堰流流量 Q 为自由式堰流流量 Q_0 与淹没系数 σ 的乘积。自由出流时，$\sigma=1$；不完全淹没时，$\sigma<1$，σ 值随上下游水头比 h_L/h_u 而变。定线推流步骤如下。

1) 计算淹没系数 σ。以淹没式堰流的实测流量 Q 除以同一上游水位的自由式堰流流量 Q_0，得淹没系数 σ，即

$$\sigma=\frac{Q}{Q_0} \tag{3.30}$$

式中 Q_0——可以在已绘制好的自由式堰流 Z_u-Q_0 关系曲线上查得。

2) 绘制淹没系数与相关因素关系曲线。因为 σ 值随 h_L/h_u 而变，所以可用 h_L/h_u 和淹没系数 σ 点绘关系曲线，如图 3.57 中 (a) 所示。

3) 绘制水位流量关系曲线，以下游水位 Z_L（或上下游水位差 ΔZ）为参数，绘制上游水位 Z_u 与流量 Q 的关系曲线簇。其步骤：①选定某一下游水位 Z_L 值，并计算其下游水头 h_L 值；②根据各级上游水位，制作淹没式堰流水位流量关系表，并据此点绘 Z_u-Q 关系曲线；③用同样的方法计算并绘制其他 Z_L 值得 Z_u-Q 关系曲线，最后得到如图 3.57 中 (b) 所示的一簇曲线；④推流。推流时，可直接以下游水位在 Z_u-Z_L-Q 关系曲线上

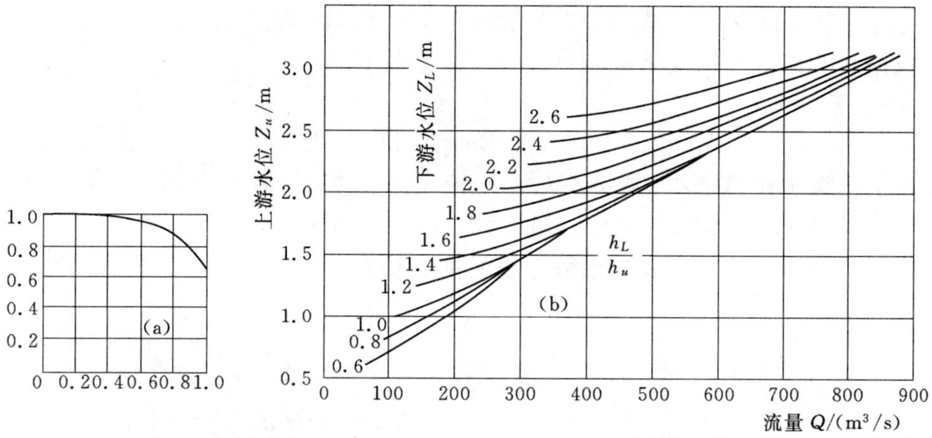

图 3.57　淹没式堰流水位流量关系曲线

查读（下游水位不是整数时，需进行内插），也可制成 Z_u-Z_L-Q 关系检数表，直接在表中查读。

当只发生淹没式堰流时，可将淹没系数与流量系数合并处理，以实测流量 Q 除以 $Bh_u^{3/2}$，计算淹没式堰流流量系数 σC_1，即

$$\sigma C_1=\frac{Q}{Bh_u^{3/2}} \tag{3.31}$$

以上下游水位差 ΔZ 与上游水头 h_u 之比 $\Delta Z/h_u$ 与 σC_1 点绘相关图，并定出关系曲线，如图 3.58（a）所示。

绘制水位流量关系曲线，以不同的水位差 ΔZ 按不同的 Z_u 计算 h_u 和 $\Delta Z/h_u$，查出 σC_1 值，再按式（3.29）算出 Q，绘制以 ΔZ 为参数的 Z_u-Q 关系曲线，如图 3.58（b）所示。

推流时，可根据 Z_u 和 ΔZ 值在关系曲线上查读（ΔZ 值不是整数时，需进行内插）或制成 $Z_u-\Delta Z-Q$ 关系检数表，直接在表中查读。

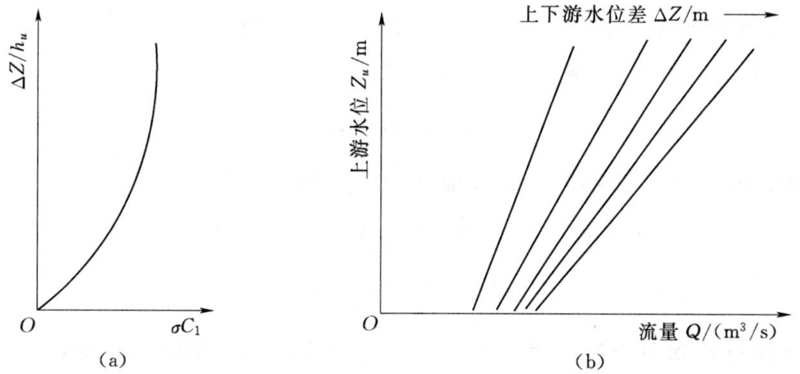

图 3.58　淹没式堰流水位流量关系

（2）适用于平底闸和宽顶堰闸的淹没式堰流流量计算公式为

$$Q=C_2Bh_L\sqrt{\Delta Z} \tag{3.32}$$

用 C_2 系数定线推流。按式（3.32）整编时，其定线推流步骤如下。

1）根据实测流量，按式（3.33）计算流量系数 C_2

$$C_2=\frac{Q}{Bh_L\sqrt{\Delta Z}} \tag{3.33}$$

2）以上下游水位差 ΔZ（或 $\Delta Z/h_u$）与流量系数 C_2 绘制相关图，并定出关系曲线，如图 3.59（a）所示。绘制 Z_u-Q 关系曲线，如图 3.59（b）所示。

3）推求流量的方法与用 σC_1 系数定线的推流相同。

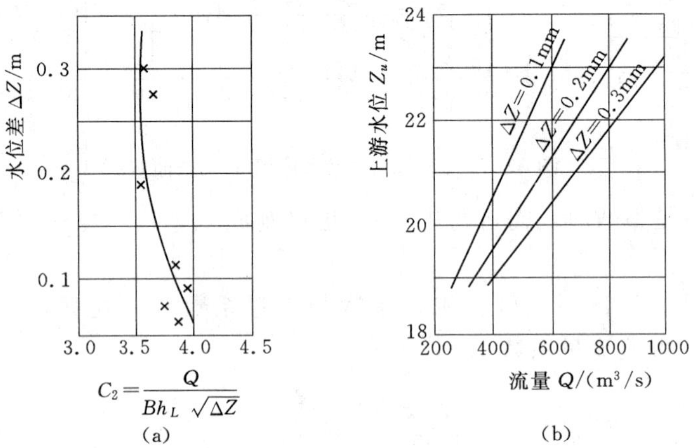

图 3.59 淹没式堰流水位流量关系曲线

3. 自由式孔流

当堰闸下游水位低于闸孔，且不影响闸孔出流的大小时，为自由式孔流。其流量计算公式有两种。

适用于平底闸和宽顶堰闸的公式为

$$Q=M_1Be\sqrt{h_u-h_c} \tag{3.34}$$

式中 h_c——收缩断面处水深，$h_c=\varepsilon e$，ε 为垂直收缩系数，m。

适用于实用堰闸和跌水壁闸的公式为

$$Q=M_1Be\sqrt{h_u} \tag{3.35}$$

这两种情况的定线推流方法相似。现以平底闸为例，介绍如下。

（1）计算流量系数 M_1。由实测流量资料，按式（3.36）计算 M_1

$$M_1=\frac{Q}{Be\sqrt{h_u-h_c}} \tag{3.36}$$

（2）绘制流量系数与相关因素关系曲线。一般取 e/h_u 为相关因素，点绘 M_1 与 e/h_u 相关图，通过点群中心定出关系曲线，如图 3.60（a）所示。一般 e/h_u 较小时，系数较大；e/h_u 较大时，系数较小，且趋于稳定。

（3）绘制水位流量关系曲线。以闸门开启高度为参数，绘制 Z_u-e-Q 关系曲线，如图 3.60（b）所示。

(4) 推流。推求流量时可直接在 Z_u-e-Q 关系曲线上查读。

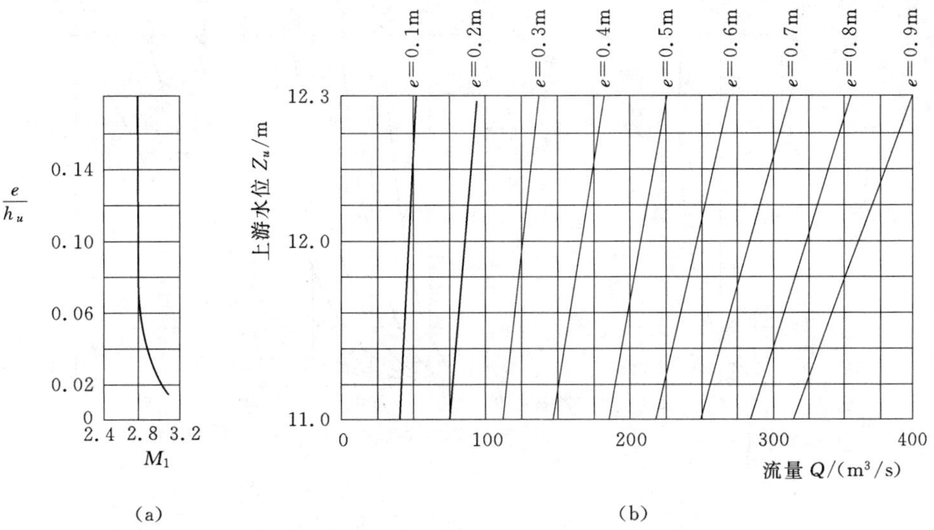

图 3.60 自由式孔流水位流量关系曲线

4. 淹没式孔流

当堰闸下游水位淹没闸孔，且影响出流流量大小时，称为淹没式孔流，其流量计算公式为

$$Q=M_2Be\sqrt{\Delta Z} \tag{3.37}$$

式中 ΔZ——上下游水位差。

ΔZ 值在理论上应为上下游水位与闸下收缩断面处水位之差，但收缩断面处的水位观测比较困难，一般用下游水面平稳处水位代替。由于这样所得的 ΔZ 值偏小，所以算出来的流量系数稍偏大。

淹没式孔流定线推流方法如下。

(1) 计算流量系数 M_2。由实测流量资料，按式 (3.38) 计算

$$M_2=\frac{Q}{Be\sqrt{\Delta Z}} \tag{3.38}$$

(2) 绘制流量系数 M_2 与相关因素 $e/\Delta Z$ 关系曲线，如图 3.61 (a) 所示。

(3) 绘制以闸门开启高度 e 为参数 $\Delta Z-Q$ 关系曲线，如图 3.61 (b) 所示。

(4) 推流。根据上下游水位计算的 ΔZ 值，在相应曲线上查读流量。

5. 涵管、隧洞流量系数法

涵管、隧洞由闸门控制时，其流态判别：①有压管流，洞内水流除在闸门背后收缩区外，充满全断面；②半有压管流，洞内水流只有部分管段充满全断面；③孔流，洞内进水已受闸门或洞口控制，但洞内水深小于管径，管内有自由水面；④无压流，进口水流水面低于洞顶或闸门下缘。

以自由式孔流为例，介绍涵管、隧洞的流量系数法定线推流步骤。

一般涵洞自由式孔流的流量计算公式为

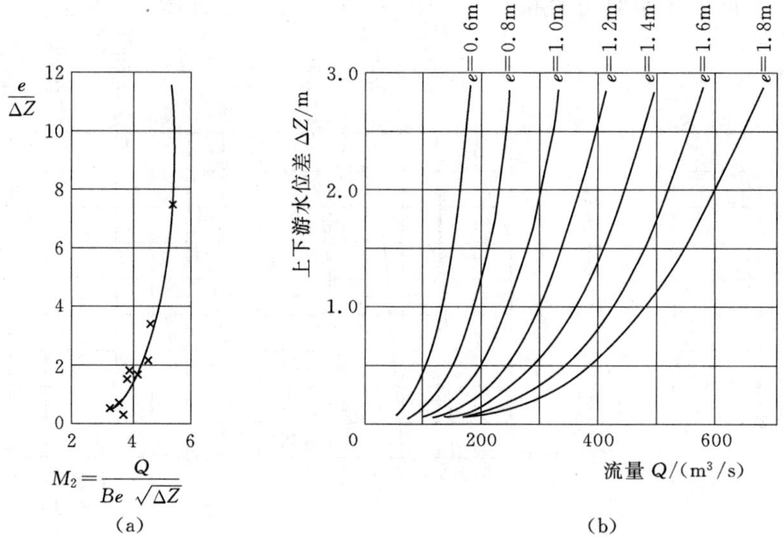

图 3.61 淹没式孔流 Z_u-e-Q 关系曲线

$$Q=\mu_3\alpha'\sqrt{h} \tag{3.39}$$

其定线推流步骤如下。

(1) 计算流量系数 μ_3。以实测流量资料，按式 (3.40) 计算

$$\mu_3=\frac{Q}{\alpha'\sqrt{h}} \tag{3.40}$$

(2) 绘制 μ_3 与相关因素的关系曲线。以涵管进水口的闸门开启高度 e 为相关因素，绘制 $e-\mu_3$ 关系曲线，如图 3.62 (a) 所示。

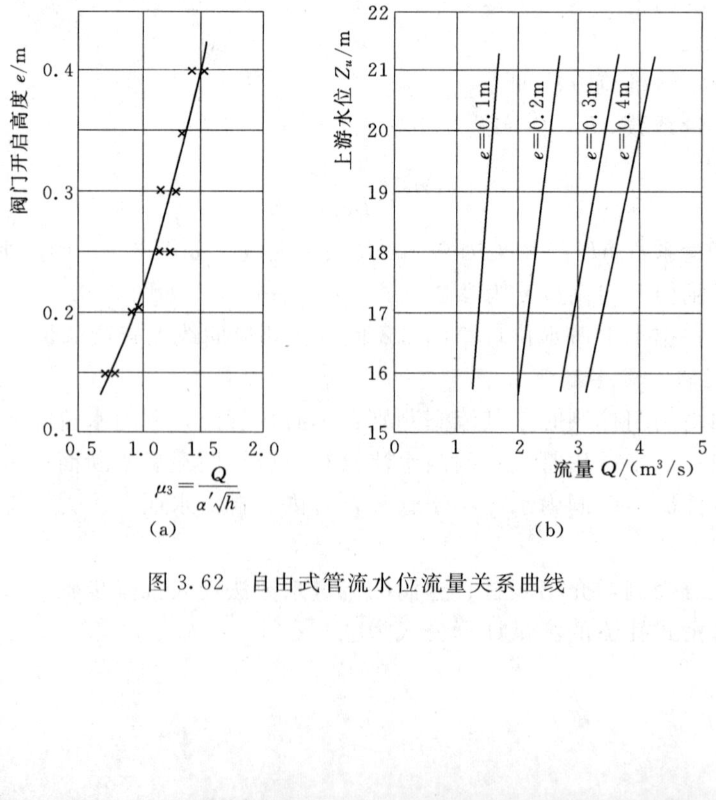

图 3.62 自由式管流水位流量关系曲线

（3）绘制水位流量关系曲线。以 e 为参数绘制 Z_u-Q 关系曲线，如图 3.62（b）所示。

（4）推流。推求流量是可根据 Z_u 和 e 值在 Z_u-e-Q 关系曲线查读。

3.6.2 堰闸流量相关分析法

由于多重因素的影响，在实际工作中直接应用水力学公式推流，往往得不到所要率定的数值。这时，可以对资料作综合分析，修订流量系数，从而得到实用的推流公式，下面介绍两种方法。

1. 逐步图解法

逐步图解法是在水力学公式的基础上，依据实测流量资料，用逐步图解法计算，求得适用于本地区或本站的堰闸流量计算公式的形式、流量系数和指数。

（1）图解分析公式。用逐步图解法直接分析流量计算公式时，可将表 3.12 中的第 3 号、5 号、6 号公式改写成以下形式

淹没堰流 $$Q=C_CBh_L^{\alpha}\Delta Z^{\beta} \tag{3.41}$$

自由孔流 $$Q=M_bBe^{\alpha}h_u^{\beta} \tag{3.42}$$

淹没孔流 $$Q=M_CBe^{\alpha}\Delta Z^{\beta} \tag{3.43}$$

式中 C_C、M_b、M_C——流量系数；

α、β——指数。

（2）图解分析步骤。先取公式中与因变量有关的第一自变量，点绘相关图，消除它对因变量的影响后，再点绘第二自变量与因变量的相关图，并消除第二自变量对因变量的影响，然后验证第一自变量与因变量的关系。经过反复验证，直接相关得出的计算公式能满足精度要求。现以平底闸淹没式孔流为例，进行介绍。

由式（3.37）可以看出，流量与 e 的一次方和 ΔZ 的 1/2 次方成正比，而实际上 e 和 ΔZ 对 Q 的影响并非简单符合此关系，且 M_C 值亦并非常数，这给流量的计算带来了不便。因此，可把式（3.37）改写成式（3.43）的形式。然后根据率定资料，分析确定 M_C、α、β 3 个参数。方法如下。

1）为分析流量系数 M_C 和指数 α、β 值，先假设 $\alpha=1$，将式（3.43）移项得

$$\frac{Q}{e}=M_CB\Delta Z^{\beta} \tag{3.44}$$

两边取对数，则

$$\lg\frac{Q}{e}=\lg(M_CB)+\beta\lg\Delta Z \tag{3.45}$$

2）在双对数上点绘 $Q/e-\Delta Z$ 关系图，通过点群中心定线，如图 3.63 所示，初步消除 e 的影响。由图解可求得的 M_C、β 第一次近似值。如图 3.63 所示，某闸淹没式孔流 1974 年及 1975 年的实测成果相关图。由图求得 $\beta_1=0.52$。

3）利用求得的值，再将式（3.43）改写为

$$\frac{Q}{\Delta Z^{0.52}}=M_CBe^{\alpha} \tag{3.46}$$

再取两边对数，得

$$\lg\frac{Q}{\Delta Z^{0.52}}=\lg(M_CB)+\alpha\lg e \tag{3.47}$$

再在双对数纸上点绘 $Q/\Delta Z^{0.52}-e$ 关系图，通过点群中心定线，如图 3.64 所示，由图求得 α_1、M_{C1} 值。

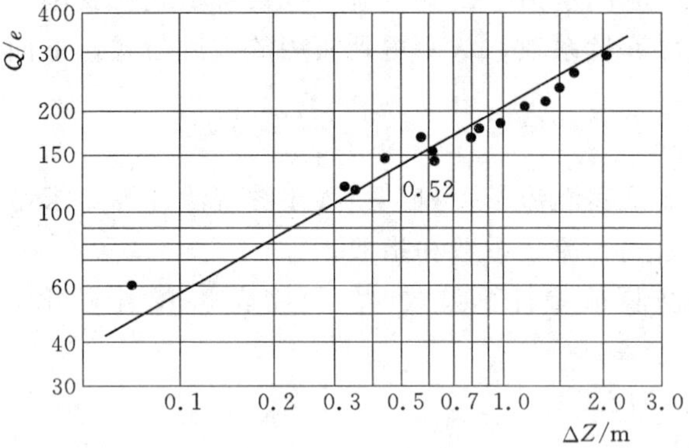

图 3.63 $Q/e-\Delta Z$ 关系曲线

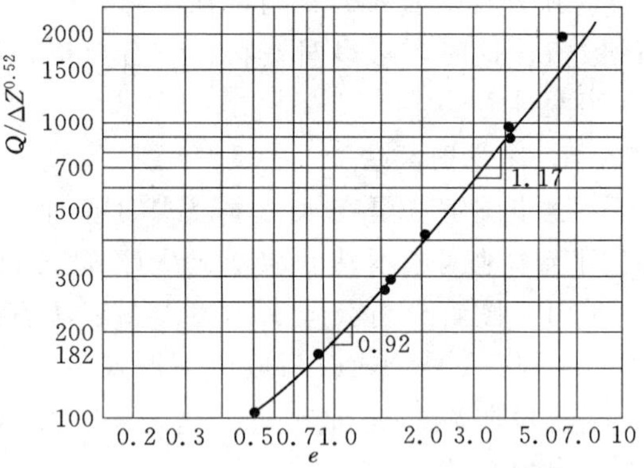

图 3.64 $Q/\Delta Z^{0.52}-e$ 关系曲线（B=60m）

本例图解求得：当 $e\leqslant1.5$m 时，$\alpha_1=0.92$，$M_CB=200$（$e=1$ 时，M_CB 值在图中读数值），已知 $B=60$m，则 $M_{C1}=200/60=3.333$。

4）将求得的 M_{C1}、α_1、β_1 3 个参数代入式（3.43），即得相应的流量计算公式。本例为

当 $e\leqslant1.5$m 时 $$Q_1=3.333Be^{0.92}\Delta Z^{0.52} \tag{3.48}$$

当 $1.5\text{m}<e<6.5$m 时 $$Q_1=3.333Be^{1.17}\Delta Z^{0.52} \tag{3.49}$$

5）为了验证所得结果的精度，可将以上推算的 Q_1 与实测流量 Q 比较，若符合精度要求，则 M_{C1}、α_1、β_1 即为所求；若不符合精度要求，则应在此基础上重复上述步骤的校正方法，求解 M_{C2}、α_2、β_2 等，直至符合精度要求。

逐步图解法亦称图解分析法。对于流量计算式（3.41）～式（3.43），除了采用图解分析法求得各参数，也常用线性回归分析法率定参数，回归分析是以最小二乘法原理，求出测验点据离差平方和最小的回归方程各参数。根据变量的多少可分为一元回归与多元回归两种分析方法。

2. 堰闸过水平均流速法

利用实测流量 Q 和闸孔过水面积 A 直接推求闸孔过水的平均流速$\overline{V}$，即$\overline{V}=\dfrac{Q}{A}$。以求得的$\overline{V}$值，按照堰闸的不同出流情况，分别点绘 $\Delta Z-\overline{V}$（淹没出流）或 $h_u-\overline{V}$（自由出流）关系曲线，利用关系曲线进行有关计算推流。

3.6.3 堰闸逐日流量的推求方法

（1）在孔流和堰流交界处，由于流态不稳，临界状态的流量不是单一值，两种流态定线时应注意衔接。可根据实测资料分析出临界值直接计算，或分别按孔流、堰流出流的相

关曲线推算出流量，取其平均值作为瞬时流量。

(2) 换用相关曲线推流时，接头处应衔接。但由于闸门变动，引起流态不同，换用相关曲线时，接头处的流量出现不衔接。若闸门开启度不变，但由于上下游水位变化引起流态变化，两者推得流量的相对误差不得超过 5%。

(3) 日平均流量的计算方法和要求同河道站。但应注意一日内闸门变动频繁引起的流量多次突变，此时应采用面积包围法计算日平均流量。

3.6.4 水电站流量推算方法

1. 计算方法

水电站是利用水能转换为电能的水工建筑物，其转换关系式如下。

(1) 以实测水头计算流量。

$$Q=\frac{N_s}{9.8\eta H} \tag{3.50}$$

式中 Q——流量，m^3/s；

N_s——各机组的总功率，kW；

η——效率，包括水轮机、发电机、变压器、传动装置等的效率，以及水头损失等，%；

H——水头，反击式水轮机为上、下游水位差，冲击式水轮机为坝上水位与喷嘴中心高之差，m。

(2) 以压力表读数 $P(kN/cm^2)$ 换算水头计算流量。

$$Q=\frac{N_s}{9.8\eta h} \tag{3.51}$$

式中 h——有效水头，从水轮机上压力表实测压力换算的水头 $h_1=10P$，再加压力表中心高至坝下水位高差 Δh，即 $h=h_1+\Delta h$，即为减去部分水头损失的有效水头，m。

(3) 计算单机流量。

$$q=\frac{N}{9.8\eta h} \tag{3.52}$$

式中 q——单机流量，m^3/s；

N——单机电功率，kW。

由此可知，推求水电站发电流量时，可用实测资料代入能量转换公式，率定出效率 η 值，就可以利用实测的水位资料和电功率记录，计算出通过水轮机的流量。

2. 用 $H-N-q$ 关系曲线推流

定线和推流步骤如下。

(1) 计算效率 η。有实测资料按下式计算。

$$\eta=\frac{N_s}{9.8QH} \tag{3.53}$$

(2) 绘制单机功率 N 与效率 η 的关系曲线。水轮发电机组的效率 η 通常与单机功率

N 存在着正比关系，故可用单机功率 N 与效率 η 点绘关系曲线，如图 3.65（a）所示。

整编时，也可用 $\eta_1=N_s/(QH)$ 来代替 η 与 N 点绘关系曲线。另外，η 与水头 H 存在反比关系，因此也可点绘 $H-\eta$ 关系曲线，作为 η 的率定成果。

有些水电站在生产运行期间，单机电功率几乎没有大的变化，而水头却变化较大，这时点绘 $H-\eta$ 关系曲线更合适。

（3）绘制 $N-qH$ 关系曲线。取若干个 N 值，从 $H-\eta$ 关系曲线上查得相应的 η 值，按 $qH=N/(9.8\eta)$ 计算各个 qH 值，点绘 $N-qH$ 关系曲线，如图 3.65（b）所示。

（4）绘制 $H-N-q$ 关系曲线。先固定一个 N 值，例如 $N=50$kW，在 $N-qH$ 关系曲线上查得 qH 值，然后用不同的水头算出各个相应的 q 值，即可绘制一条 $N=50$kW 时的 $H-q$ 关系曲线。用同样的方法绘制其他 N 值得 $H-q$ 关系曲线。最后得到以 N 为参数的 $H-N-q$ 关系曲线簇，如图 3.65（c）所示。

若用 $H-\eta$（或 $H-\eta_1$）关系曲线，则应绘制 N_s-QH 和 $H-N_s-Q$ 关系曲线簇。

（5）推流。推求流量时，根据各单机电功率 N 和实测水头 H，从 $H-N-q$ 关系曲线上查读各单机瞬时流量，各单机瞬时流量相加，即得总流量。

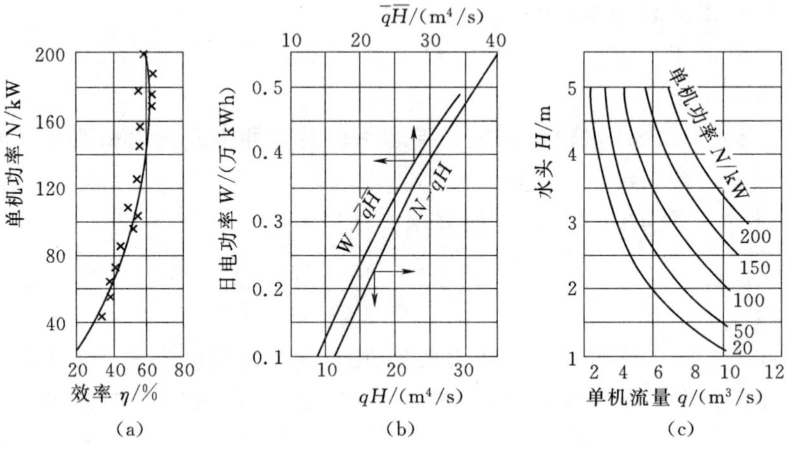

图 3.65　$H-N-q$ 关系曲线

3. 用电功度数推算日平均流量

水电站一日内单机的发电量，即一日单机发电的电功度数 W，可由式（3.54）求得

$$W=\int_0^T N\mathrm{d}t \tag{3.54}$$

式中　W——单机日发电的电功度数，kW·h；

T——日开机时数；

t——时间。

水电站单机日平均流量为

$$\bar{q}=\frac{1}{24}\int_0^T q\mathrm{d}t=\frac{1}{24}\int_0^T\frac{N}{9.8\eta H}\mathrm{d}t \tag{3.55}$$

由于效率 $\eta=f(N)$，当一日内 N 与 H 变化不大时，H 与 η 便可粗略地视为常数，则

$$\bar{q}=\frac{1}{24\times 9.8\eta H}\int_0^T N\mathrm{d}t=\frac{1}{235.2\eta H}W \tag{3.56}$$

或日平均总流量为

$$\overline{Q}=\frac{1}{235.2\eta H}W \tag{3.57}$$

为了简化日平均流量的推求方法，可用一日发电的电功度数 W 与单机日平均流量 $\bar{q}$ 乘以日平均水头 H 建立关系曲线，直接推求日平均流量。其步骤如下。

（1）绘制 $W-\bar{q}\overline{H}$ 关系曲线。绘制时，需将图 3.65（b）中的 $N-qH$ 关系曲线转换为 $W-\bar{q}\overline{H}$ 关系曲线，即将 $W-\bar{q}\overline{H}$ 关系曲线的纵坐标 N 值乘以 24h，即为一日单机电功度数 W 值，横坐标改为 $\bar{q}\overline{H}$（其数值不变），如图 3.65（b）所示。

（2）推求日平均流量。根据单机一日发电的 W 值，在 $W-\bar{q}\overline{H}$ 关系曲线上查得 $\bar{q}\overline{H}$ 值后，除以日平均水头，即得日平均单机流量 $\bar{q}$，各单机日平均流量相加，即得日平均流量 $\overline{Q}$。

4. 用 $Z_u-\eta_t$ 关系曲线推流

对于高水头水电站（水头在 25m 以上），可把下游水位（水轮机尾水位）视为常数（取为基准面），而采用上游水位 Z_u 代替水头 H，计算并绘制推流曲线。实践证明，$Z_u-\eta_t$ 关系曲线能够符合精度要求。

（1）计算推流系数 η_t。将式（3.50）改写为

$$N_s=\eta_t QZ_u \tag{3.58}$$

根据实测资料，按上式计算推流系数 η_t

（2）绘制 $Z_u-\eta_t$ 关系曲线。根据计算数据，绘制 $Z_u-\eta_t$ 关系曲线，如图 3.66 所示。

（3）推流。推求流量时，根据实测上游水位，在图上查得 η_t，并从电工仪表表上查得发电功率 N，即可由式（3.58）推得流量，也可制成推流检数表查读，还可以用日电功度数推求日平均流量。

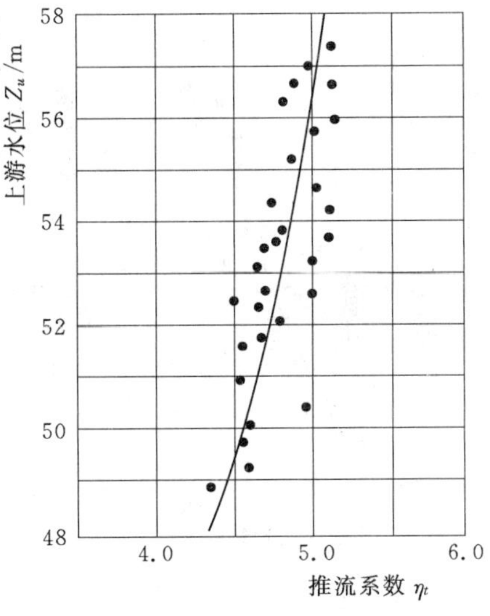

图 3.66　$Z_u-\eta_t$ 关系曲线

3.6.5　电力抽水站流量推算方法

电力抽水站是利用电能来提水的水工建筑物。由于提水获得的水能与提水耗用的电能是成正比的，因此可以通过电功率计算出电力抽水站的流量。

1. 计算方法

（1）中高扬程抽水站的流量计算方法为

$$Q=\frac{N_s}{9.8\eta h} \tag{3.59}$$

或

$$q=\frac{N}{9.8\eta h}=0.102\eta'\frac{N}{h} \tag{3.60}$$

式中 η'——装机效率，即有效功率/耗电功率×100%；

h——抽水站静扬程或抽水站上下游水位差；

其他符号同上。

（2）低扬程抽水站流量计算方法为

$$q=\eta_k N e^{-\varepsilon h} \tag{3.61}$$

式中 η_k——抽水效能系数，相当于扬程为0时1kW电功率的抽水量；

ε——抽水效能随扬程增加而递减的系数；

其他符号同上。

2. 定线推流方法

（1）中高扬程抽水站定线推流步骤如下。

1）计算效率 η'，按公式 $\eta'=9.8qh/N$ 计算效率 η'。

2）绘制水头 h 与效率 η' 关系曲线，如图3.67（a）所示。

3）绘制 $h-N-q$ 关系曲线，根据 $h-\eta'$ 关系曲线，查得各级水头 h 的 η' 值，计算本站单位电功率（$N=1$kW）所对应的单机流量 q 值，再计算单机电功率变化范围内的若干个电功率值在各级水头下的相应单机流量，然后点绘 $h-N-q$ 关系曲线，如图3.67（b）所示。

4）推流。根据单机电功率 N 和水头 h，查读单机瞬时流量 q，乘以开机台数，即得总流量。

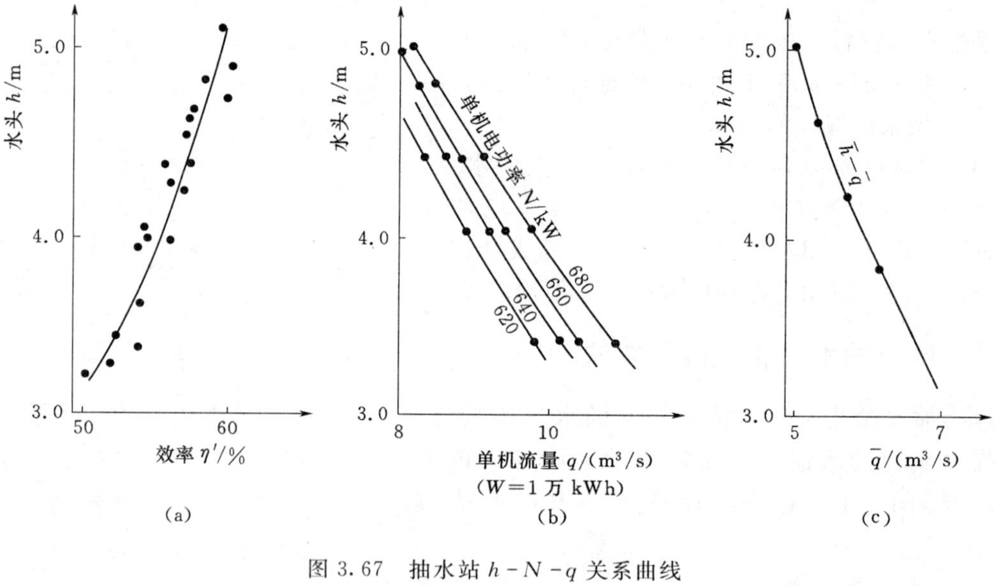

图3.67 抽水站 $h-N-q$ 关系曲线

（2）低扬程抽水站定线推流方法的计算公式为

$$q=\eta_k N e^{-\varepsilon h} \tag{3.62}$$

移项取对数得

$$\ln(q/N)-\ln\eta_k=-\varepsilon h \tag{3.63}$$

点绘 $\ln(q/N)-h$ 关系曲线求得 η_k 及 ε 值，代入式（3.62）推算流量。

3.7 潮流量资料整编

因潮汐作用，海洋潮波在波的前行过程中，遇到河口地形变化和河流河槽变化，除了使得断面上表现出水面升降，还使得水流相对径流方向产生逆向运动。因为潮汐所致，感潮河段在断面上呈现周期性的往复流，称为河道潮流，断面上的潮流周期变化结果，就是潮流量。某一测站（断面）的潮流量，涨潮流和落潮流相抵，即为径流下泄量。

潮流量资料整编的主要目的是推求潮量或潮平均流量，获得全年的潮流量成果，了解潮流与径流的运动情况，掌握水系上潮流量的空间分布。为了与上游径流下泄资料在应用上保持一致、潮流对比分析与研究、与输沙率输沙量配合计算分析等的需要，需要相应计算潮平均流量。由于潮流期长度与日周期不对应，为了避免因相位区间差异导致的计算偏差，因此潮流量不能作日平均计算使用，而只能作潮平均计算。相关的潮流量推算，均按潮量或潮平均流量进行。

3.7.1 潮流量资料整编的内容

（1）编制实测潮流量成果表和实测潮量成果统计表。

（2）编制实测大断面成果表。

（3）分析实测资料，绘制关系曲线，并进行检验。采用代表潮期验潮测验的站，可以绘制潮汐要素与潮量（平均流量）关系曲线；采用实时监测潮流速过程的站，要绘制断面平均流速与实时监测的代表流速关系曲线。

（4）整编逐潮潮量或感潮闸坝站的逐日平均流量和引排水量。

（5）绘制逐时流速或流量过程线。

（6）单站合理性检查。

（7）编制潮流量资料整编说明表。

3.7.2 潮流量与潮汐要素的关系

潮流与潮汐都是由于月球和太阳的引潮力而产生的，因此，潮水位的涨落与潮流速的增减变化有密切的相关关系。影响潮流变化程度的主要因素是潮差。图 3.68 和图 3.69 分别为某站的涨、落潮潮差（涨潮为 H_1，落潮为 H_2）与涨、落潮流要素（最大测点流速 V_{max}、平均流速$\overline{V}$、最大瞬时流量 Q_{max}、平均流量$\overline{Q}$、潮量 W）关系曲线，从图中可以看出，点子大都密集成带状，关系良好。

影响潮流变化的决定因素是引潮力作用大小，其他因素则是下泄径流量大小与槽蓄量多少。本站高潮水位、上游流量、本站低潮水位、本站潮流历时、上下游站之间的高潮位比降、低潮位比降、有效潮差（憩流水位与高低潮位的水位差）等就是潮流量运动的具体表现，这些相关的潮汐要素之间有着密切的关系，与潮流量大小及变化具有相关关系。如河水流量大，河床容蓄多，则使低潮水位抬高，故涨、落潮潮差均有一定程度的减小；如果上游来水保持不变，则潮流强度较大的潮汛期，因进入河口的潮量增多，使得高潮水位亦增高，落潮后又由于水流能面坡降大，使低潮水位亦落得较低，涨、落潮量均相对

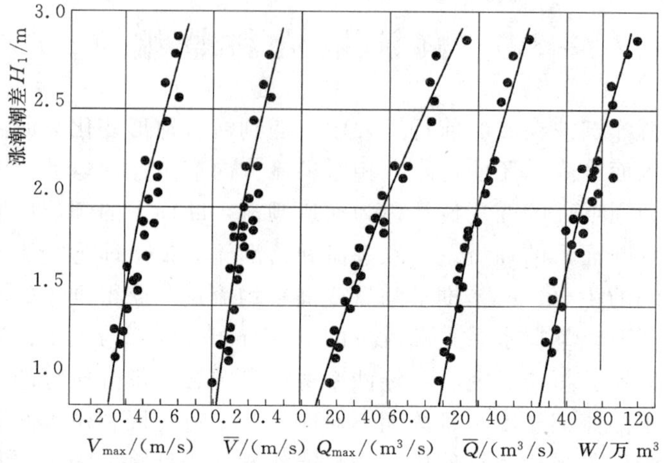

图 3.68 涨潮流的潮差与潮流要素关系曲线

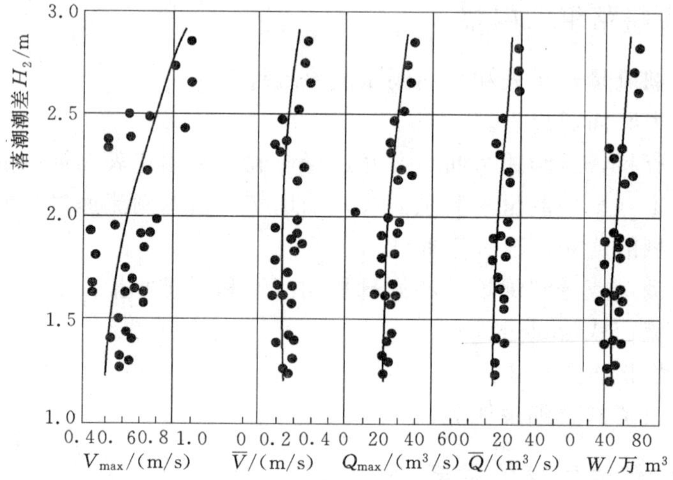

图 3.69 落潮流的潮差与潮流要素关系曲线

较大。

为推求不同上游来水对潮流的影响，在整编时，除以潮差为主要相关因素外，还须根据测站和水系具体情况，选择与本站潮流变化相关度高的一个或几个潮汐要素进行推流分析。

3.7.3 影响堰闸潮流量的水力因素

沿海、河口区、感潮河段干流沿岸的堰闸潮流量，在闸门敞开期间，与感潮河段情况相同，其中重要方面是闸内河网的潮位高低。并受闸门开启程度影响，与闸门开启高度、开启孔数、闸门开启总宽、开启时间等有关。一般情况下，为了水安全和避免闸前冲刷，感潮闸坝的闸门启闭，都要求在闸内外水位相平或接近相等时进行，故每次开闸和关闸的开始水位实际上相当于憩流水位，而各次开闸的有效潮差则是影响一潮水量的决定因素。

因此，感潮闸坝影响出流的主要水力因素如下。

（1）闸内河网的水位状况，反映引排水的基础水力条件。

（2）有效潮差，反映堰闸可以获得的感潮强度。

（3）闸门开启情况，包括开启孔数、高度、宽度等，反映相同潮汐因素下的工程约束影响。

对某一测站来说，应根据本站特性，分析、选用影响较大的一个或几个因素作相关因素。

3.7.4　潮流量推求方法

潮流量整编的方法较多，主要有合轴相关法、定潮汐要素法、一潮推流法等。

由于潮水河涨、落潮流的来水以及影响潮流变化的因素各有不同，故点绘潮汐要素与潮量（或平均流量）关系图时，不论采用何种方法，均应区分涨潮流和落潮流进行相关和点绘。

1. 合轴相关法

对于较强感潮河段，河道中水流的变化主要受潮汐影响。包括上游站潮位在内的潮汐要素与潮量（平均流量）关系密切的河道站，可采用合轴相关法。

影响潮流变化的因素较多，采用单一关系进行整编难于满足要求，在没有计算机应用的时代，难以进行多元相关计算的操作，因此只能采取逐步回归的方法，对多个参数关系以不同象限传递的方法进行定线，此为合轴相关。用合轴相关法进行潮流量整编，是以涨、落潮差作为主要因素，与涨、落潮平均流量相关，选择1～2个参数进行改正。如涨潮流以本站高潮水位、本站高潮水位与上游站相应高潮水位较差作参数进行改正。现将整编步骤介绍如下。

（1）在第一象限内以平均流量为纵坐标，潮差为横坐标，按实测资料点绘相关图，点旁注明第一个改正参数值（涨潮流为本站高潮水位），根据参数数值勾绘等值线。等值线一般是略呈扇形的一簇曲线，曲线间距一般自上而下逐渐束狭，或大致相等。

（2）第一象限内的等值线大致确定后，即可根据各个测点所注参数的数值垂直导至该值相应的等值线上，再水平移至纵坐标上截取读数得第一次改正后的平均流量 Q_1。如图3.70所示，第一象限的“·”符号 A 测点，实测涨潮平均流量 $Q=280\text{m}^3/\text{s}$，经过改正后的平均流量 Q_1 约为 $240\text{m}^3/\text{s}$。

（3）在第二象限内即以 Q_1 为纵坐标，Q 为横坐标，点绘 Q_1-Q 关系图。如测点集中在45°直线的两侧，则表示关系良好，即可据以推流。

如 Q_1-Q 关系点子仍不够集中，则在每个点子旁再注上第二个改正参数（水位之差），勾绘等值线，并根据各点所注参数数值，按等值线改正得第二次改正后的平均流量 Q_2。如图3.70所示，第二象限“·”符号 A'测点，Q_1 原为 $240\text{m}^3/\text{s}$，Q_2 则为 $300\text{m}^3/\text{s}$。

（4）在第三象限内以实测的平均流量 Q 为纵坐标，Q_2 为横坐标，点绘 Q_2-Q 关系图。如点子能集中在45°线附近，各点偏离大都不超过±10%，则表示关系良好，可据此推流。

如果点子仍散乱，则应修正第一、第二象限的等值线，或试用其他因素改正。

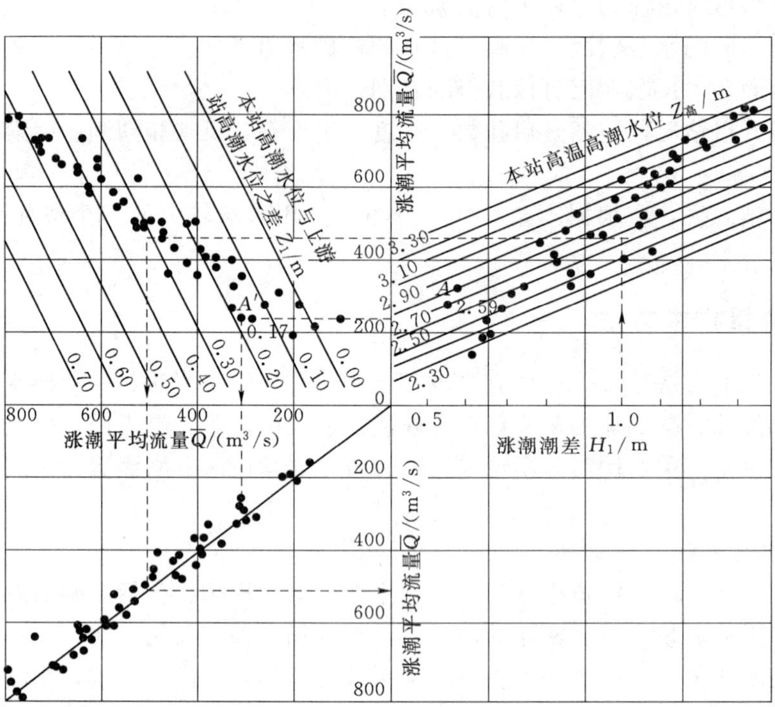

图 3.70　涨潮平均流量与潮差合轴相关图

(5) 推流方法。当只有一个参数时（即两象限的合轴相关），则根据该站各个潮流期的涨潮潮差及已知改正参数，可直接在等值线上查得平均流量。若为两个参数时，则先根据各个潮流期的涨潮潮差和高潮位，在第一象限内查得相应的平均流量 Q_1，如图 3.70 所示。再以 Q_1 和各个高潮与上游站相应高潮的水位较差，在第二象限内查得相应的平均流量 Q_2，乘以涨潮流历时，即得涨潮潮量。

落潮潮量及用其他潮汐要素合轴相关的推流方法与此相同。

2. *定潮汐要素法*

定潮汐要素法是根据非感潮河流流量整编方法中的定落差法演变而来，其基本假定和做法与定落差法的原理基本相同，只是不以落差而用合适的潮汐要素作为参数进行改正。相关曲线的纵坐标用潮差（或有效潮差等），横坐标则为潮平均流量。

定潮汐要素法基本假定是：同一潮差（或某一有效潮差）下不同潮汐要素（如高、低潮位）的流量符合下列关系，即

$$\frac{Q_1}{Q_2}=f\left(\frac{Z_1}{Z_2}\right) \tag{3.64}$$

选择一个定潮汐要素如潮位 Z_C（高潮水位、上游水位等），其相应流量为 Q_C，同理可得

$$\frac{\overline{Q}}{Q_C}=f\left(\frac{Z}{Z_C}\right) \tag{3.65}$$

因为 Z_C 是常数，式（3.65）可写为
$$\frac{\overline{Q}}{Q_C}=f(Z_{上}) \tag{3.66}$$

或
$$\frac{\overline{Q}}{Q_C}=f(Z_{高}) \tag{3.67}$$

式中 $\overline{Q}$——实测涨落潮流的平均流量，m^3/s；

Q_C——定潮汐要素曲线上的平均流量，m^3/s；

$Z_{上}$——与$\overline{Q}$相应的潮流期的上游站平均水位，m；

$Z_{高}$——与$\overline{Q}$相应的潮流期的高潮水位，m。

只要定出潮差（或有效潮差）与平均流量$\overline{Q}$及$\frac{\overline{Q}}{Q_C}=f(Z)$两条关系曲线，然后把其他关系点都校正到定潮汐要素的曲线上，即可据此推流。

因为涨、落潮流的整编方法相似，故只介绍涨潮流的做法如下。

（1）以平均有效潮差 h_1 为纵坐标，实测涨潮平均流量$\overline{Q}$为横坐标，将实测资料逐点绘出。再在各个测点旁注上本站高潮位 $Z_{高}$ 数值，然后根据实测点群分布趋势选择一个本站高潮位数值（本图例定高潮位为 4.00m）作为定高潮位，并通过与定高潮位数值相同或相近的各个测点绘定一条 $h_1-\overline{Q}$ 相关曲线，如图 3.71（a）所示。

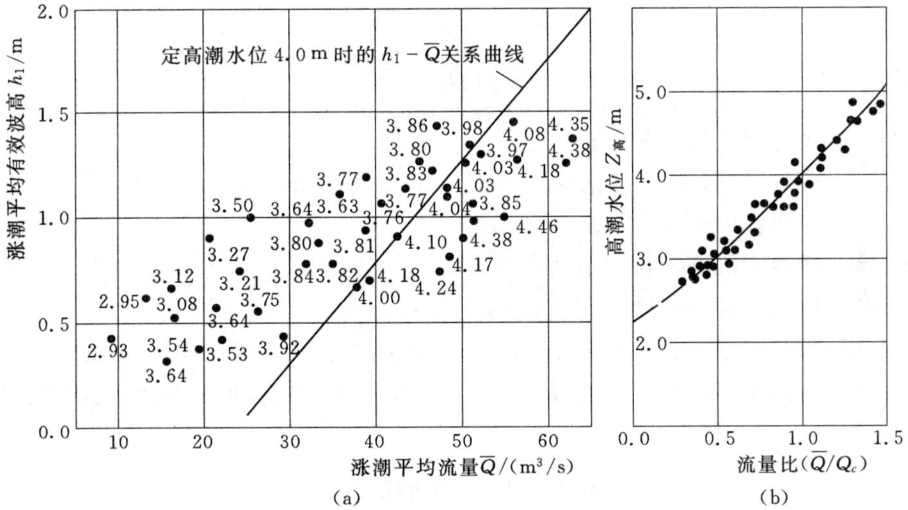

图 3.71 定潮汐要素法涨潮流相关曲线

（2）根据各个实测点的有效潮差 h_1，在相关曲线上查得定高潮水位的流量 Q_C，除实测平均流量$\overline{Q}$得各点的流量比值$\overline{Q}/Q_c$。

（3）以各个实测点的高潮水位 $Z_{高}$ 为纵坐标，流量比$\overline{Q}/Q_c$ 为横坐标，点绘关系图，通过点群中心初步定出相关曲线，曲线应通过坐标点（1.0，定高潮水位），如图 3.71（b）所示。如点子能集中在曲线两侧，各点偏离曲线的偶然误差不超过允许范围，即可据以推流。如果改正后的点子仍然散乱，则应修正定高潮水位的 $h_1-\overline{Q}$关系曲线，重复以上步骤，直至符合要求。

（4）推流时先根据各个潮流期的涨潮流有效潮差 h_1，在图 3.71（a）的关系曲线上查出定高潮水位的流量 Q_C，再根据相应潮流期的高潮水位 $Z_{高}$，在图 3.71（b）的关系曲线上查出流量比 $\overline{Q}/Q_c$，然后两者相乘，即得所求的平均流量。再乘以涨潮历时，则得涨潮潮量。

3．一潮推流法

对于按潮引水或排水，且在闸上、下水位接近时开闸和关闸的感潮闸坝站，可采用一潮推流法。一潮推流法一般用有效潮差、开闸开始水位（或高、低潮水位）与一次开闸的最大流量、平均流量相关；亦可用高潮水位（排水时用低潮水位）代替开闸开始水位作为相关因素。

有些感潮闸坝站一次开闸的平均流量 $\overline{Q}$ 与该潮流过程中的某一水位及有效潮差有关，故可直接用水位、有效潮差与一次开闸的平均流量建立关系曲线。

水位一般指开闸开始水位 $Z_{开}$，亦可用高潮水位 $Z_{高}$（引水时）或低潮水位 $Z_{低}$（排水时）代替开闸开始水位。有效潮差引水时为 D_1，排水时为 D_2。由于水位、波高与一次开闸平均流量的关系是经验性的，为了使关系点子更趋于集中，水位与有效潮差因子可以加上合适的指数。据此，可用下列关系式表达其相关关系

$$\overline{Q}=f(D\cdot Z_{开}^n) \tag{3.68}$$

引水时用

$$\overline{Q}=f(D_1\cdot Z_{高}^n) \tag{3.69}$$

排水时用

$$\overline{Q}=f(D_2\cdot Z_{低}^n) \tag{3.70}$$

式中 $\overline{Q}$——次开闸平均流量，m^3/s；

D——有效潮差，m，涨潮流引水时为 D_1，落潮流排水时为 D_2；

$Z_{开}$——开闸开始水位，m；

$Z_{高}$ 或 $Z_{低}$——高潮或低潮水位，m；

n——指数，各站不同，可由试错确定。

（1）列表计算有关因子。表 3.13 为某站定引水流量曲线时的计算表，根据原始记录填写第 1～6 栏及第 10 栏，计算 D_1、$Z_{开}^{3/2}$ 和 $D_1\cdot Z_{开}^{3/2}$ 的数值分别填入第 7、第 8、第 9 栏。

表 3.13　涨潮流引水流量曲线计算表

测次	施测时间			开闸开始水位 $Z_{开}$/m	高潮水位 $Z_{高}$/m	有效潮差 D_1 /m	$Z_{开}^{3/2}$	$D_1\cdot Z_{开}^{3/2}$	平均流量 Q /(m^3/s)	备注
	月	日	起讫时间							
1	2	3	4	5	6	7	8	9	10	11
1	6	15	14：14—19：30	2.92	3.51	0.59	4.99	2.94	177	
2			14：36—21：03	2.97	3.83	0.86	5.12	4.40	242	

（2）点绘 $D_1\cdot Z_{开}^{3/2}$-$\overline{Q}$ 关系曲线。绘制的曲线，如图 3.72 所示。

（3）推流。根据开闸记载，摘录各次引潮的开闸开始水位 $Z_{开}$ 及高潮水位 $Z_{高}$，据以计算 D1 及 $D_1\cdot Z_{开}^{3/2}$，即可在图 3.73 的关系曲线上查得一次开闸的平均流量。

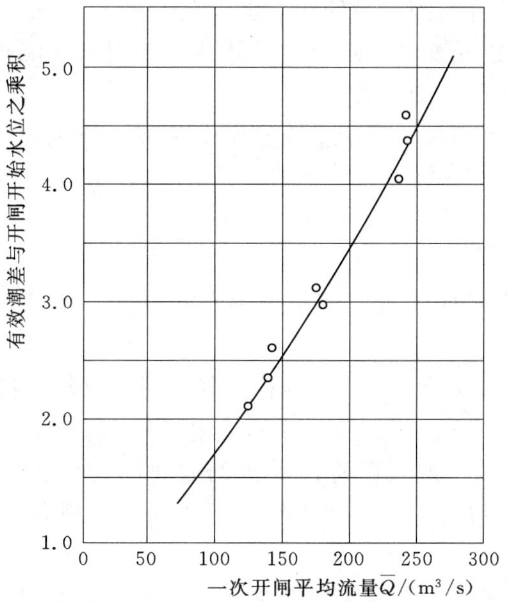

图 3.72 $D_1 \cdot Z_{开}^{3/2}-\overline{Q}$关系曲线

3.8 资料合理性检查

3.8.1 河道流量资料的合理性检查

1. 单站合理性检查

(1) 水位流量关系曲线对照检查。应用不少于近 5 年水位流量关系曲线进行对照检查，其中应包含高水有代表性的 1 到 2 年的水位流量关系曲线。在检查时，将历年和本年水位流量、水位面积、水位流速 3 条关系曲线均绘于同一图上，并注明年份，流量变幅大的，应点绘低水放大图，用以检查低水曲线。用临时曲线法整编的站，可只绘变幅最大及最左、最右边的曲线；用改正水位、改正系数法定线推流的站及单值化关系曲线，可只绘各年标准曲线或校正曲线。对照检查的主要内容有：

1) 高水控制较好，冲淤或回水影响不严重时，历年水位流量关系曲线高水部分的趋势应基本一致。

2) 历年水位流量关系曲线低水部分的变化应该是连续的，相邻年份年头年尾曲线应该衔接或接近一致。

3) 水情相似年份的水位流量关系曲线，其变动程度相似。

4) 用相同方法处理的单值化曲线，其趋势应是相似的。如发现曲线有异常情况，应检查其原因。

(2) 流量与水位过程线对照检查。

1) 将水位、流量过程线绘在同一图上。必要时在流量过程线图上绘入各实测流量点子。在水位过程线图上绘各实测流量的相应水位点子。

2）除冲淤特别严重或受变动回水影响及其他特殊因素影响外，两种过程线的变化趋势应一致，峰形一般应相似，峰、谷相应。

3）流量过程线上的实测点，不应呈明显系统偏离，位过程线上的实测流量点应与过程线基本吻合。

对照检查时，如发现反常情况，可从推流所用的水位、方法、曲线的点绘和计算等方面进行检查。

（3）降水与径流关系对照检查。适用于中小河流站，或发现资料有问题须加引证的站。检查的主要内容有：

1）主要检查径流系数变动范围，并与往年径流系数比较，如相差很大或明显不合理，应深入检查其原因。

2）对照时段的确定：一般是以每次洪水的起止时间作为一个对照时段单位，包括完整的降水过程和相应的径流过程。如连续洪水难以分割时。也可作为一个对照时段单位。

3）计算流域平均降水量：根据流域内及其周围各站降水量，用算术平均法、加权平均法或等雨深线法计算流域平均降水量，并计算径流深及径流系数。

4）按各次洪水列出降水与径流关系对照表或点绘关系图进行检查。

2．综合合理性检查

（1）上、下游洪峰流量过程线及洪水总量对照检查。用洪水期上、下游逐时流量过程线及各站洪水总量对照表配合检查；洪水沿河长演进，其上、下游过程线应相应；洪峰流量沿河长变化及其发生时间应相应合理；洪水总量应平衡，来水量与河槽蓄水增量之差与出水量应大致相等。

（2）上、下游逐日平均流量过程线对照检查。检查上、下游站流量变化的是否相应。在作冰期流量对照检查时，应结合冰情记载进行，对冰期流量测次较少或冰情复杂，有流冰堆积，冰塞等现象引起回水时，要详细检查。

（3）月、年平均流量对照表检查。将上、下游干支流各站（包括引入、引出控制站）月年平均流量汇列在一起，用水量平衡方法检查沿河水量变化的合理性。

（4）流量随集水面积演变图检查。除大量引用水外，流量随集水面积演变应为逐渐增长趋势。

（5）水库水量平衡检查。凡设有进、出库站，且进库站控制的面积占水库集水面积绝大部分的水库，可用水库水量平衡表进行检查。

用来水量减掉去水量再减水库容积变量所得之差值即为计算平衡差额，平衡差额是由渗漏、蒸发、库岸调节和测验误差，推算误差等造成；若平衡差额数量较大或有其他反常现象时，要深入分析原因。

（6）月、年最大、最小流量对照表检查。从上游至下游（若有大支流则应将其出口站插入）将测站按顺序排列，检查月、年最大、最小流量及出现日期，检查时可参照各站过程线，并考虑河段内水流传播规律。

（7）绘制年径流深等值线图，其分布与其自然地理情况应相符合。

3.8.2 水工建筑物流量资料的合理性检查

水工建筑物流量资料的合理性检查主要从单站资料进行检查。主要内容包括：

（1）历年流量系数曲线对照检查。检查当年定线的正确性与曲线两端延长的合理性，如发现曲线有异常情况，应检查其原因。

（2）流量与水位过程线对照检查。检查时参照闸门开启高度、水位差等因素进行，两种过程线的变化趋势应相应，且流量过程线上的实测点不应有系统偏离。如发现反常情况，可从流量计算公式的应用、相关曲线点绘和计算方面进行检查。

（3）检查流态转换处的流量衔接的合理性。

3.8.3 潮流量资料的合理性检查

1. 单站合理性检查

（1）实测潮流期的水位、流速、流量过程线对照检查。检查全潮流速、流量变化的连续性及水位、流速、流量等各要素之间变化的相应和相似性。对突出反常的测次，应分析原因。

（2）根据不同时期、不同潮汛的水位和流量变化规律，检查潮流量资料的合理性。

（3）根据多年综合曲线对照检查相应的潮汐变化规律的合理性。

2. 综合合理性检查

潮流量资料综合合理性检查主要从潮流量的上、下游对照检查，检查上、下游站或相邻站同一时间和同一潮汛的潮流量变化的相似性。根据相邻各站或上、下游站的相应潮量（或引、排水量），检查对照其变化的合理性；月年特征值及其发生日期应相应合理。

本 章 小 结

流量资料整编就是利用少数的实测流量数据，确定水位流量关系变化规律，借以推求逐时流量资料，得到系统的、连续的水文信息资料。整编主要的两个环节是定线和推流。定线指建立流量与某种或两种以上实测水文要素间的关系。推流是指根据已建立的水位（其他要素）与流量的关系来推求流量。

流量资料整编工作内容包括：编制实测流量成果表和实测大断面成果表；绘制水位流量，水位面积，水位流速关系曲线；水位流量关系曲线分析和检验；数据整理，填制有关加工表，上机操作。使用流量实时自动监测，实测流量过程数据量较大时，可进行精简摘录，摘录的成果应能反映流量变化的完整过程，并满足计算日平均流量及特征值统计的需要；整编逐日平均流量表及洪水水文要素摘录表；绘制逐时或逐日平均流量过程线；单站合理性检查；编制河道流量资料整编说明表。

流量资料整编的方法可以归纳为两大类：一类为基本方法，水位流量关系曲线法。这种方法是流量资料整编中最常用、最基本的方法；另一类为辅助方法；如流量过程线法、上下游测站水文要素相关法、降水径流相关法等。每大类中又包含多种整编方法。

天然河流中的水位流量关系具有稳定的水位流量关系和不稳定的水位流量关系之分。

当测验河段受断面冲淤、洪水涨落、变动回水或其他因素的个别或综合影响时，水位流量关系不呈单一关系。影响天然河道的水位流量关系因素有：河槽冲淤影响、洪水涨落影响、人工采沙影响、变动回水影响、水生植物影响、结冰影响等。

流量资料整编方法从影响因素方面还可以分为时序型和水力因素法。其中时序型方法主要有连时序法、临时曲线法、改正水位法和改正系数法、洪水绳套曲线法、连实测流量过程线法。水力因素型方法有校正因素法与抵偿河长法、落差法。

受洪水涨落影响的水位流量关系可采用校正因数法、洪水绳套曲线法、抵偿河长法；受变动回水影响的水位流量关系可采用落差法、连时序法和连实测流量过程线法；受冲淤影响的水位流量关系可采用临时曲线法、改正水位法、连时序法；受水草及结冰影响的水位流量关系可采用临时曲线法、改正水位法、改正系数法、连时序法及连实测流量过程线法；受混合因素影响的水位流量关系可采用连时序法、连实测流量过程线法。

稳定的水位-流量关系曲线、临时曲线法的主要曲线及经单值化处理的单一线，均应计算实测点对关系线的标准差、随机不确定度和系统误差。

水位-流量关系曲线的建立、确定，必须经过一定的检验，以保证推流的精度。关系曲线为单一曲线，使用时间较长的临时曲线及经单值化处理的单一线，且测点在10个以上者，应做符号检验，适线检验和偏离检验。实施流量间测的资料，并且校测次数大于5次的，在判断原定曲线能否继续使用，或判断相邻年份、相邻时段是否分别定线时，要进行 t（学生氏）检验。

当未能测得洪峰流量或枯水流量时要进行水位流量关系曲线的高低水延长。

由于流量测验和整编的工序比较多，发生错误的机会也就多，因此为了保证资料成果的质量，必须对整编成果作合理性检查，分为单站合理性检查和综合合理性检查。

水工建筑物的流量资料整编方法主要有流量系数法、相关分析法、效率系数法。

潮流量资料整编方法主要有合轴相关法、定潮汐要素法、一潮推流法等。

思考与练习

3.1 流量资料整编的一般步骤是什么？

3.2 稳定的水位-流量、水位-面积、水位-流速关系曲线有什么性质？

3.3 对稳定水位流量关系突出点如何处理？

3.4 不稳定的水位流量关系有哪几种形式？

3.5 简述单一水位流量关系的检验方法及检验目的。

3.6 河道流量资料整编有哪些方法？各种方法的适用条件是什么？

3.7 水位流量关系的高低水延长幅度是多少？

3.8 河床比较稳定、水位面积、水位流速关系点子比较集中的站，水位流量关系如何延长？

3.9 水工建筑物流量资料整编方法有哪几种？

3.10 潮流量资料整编方法有哪几种？

3.11 如何进行水位流量关系曲线的对照检查？

3.12 单一曲线法资料整编。

(1) 已知条件:

1) ××水文站实测流量成果表(表1)。

2) ××水文站6月5—12日部分洪水水文摘录表(表2)。

3) ××水文站的概况:测验河段顺直,河床整齐多卵石,土质坚实,两岸无显著冲淤变化,水位超过10.00m,两岸均发生漫滩。左岸漫滩约700m,右岸漫滩约1200m。

(2) 要求:

1) 点绘水位流量、水位面积、水位流速关系点子,并分析其特点。

2) 绘制水位-流量、水位-面积、水位-流速关系线。

3) 把水位流量关系点按水位级大小排队计算各实测点距关系线的相对偏差的标准差。统计相对偏差不超过±5%的点数和累积频率。

4) 对所定曲线进行适线性检验,并对定线精度和适线性情况作出评价。

5) 编制水位流量关系表(水位精确至厘米),以供推流时使用。

6) 推流:推求6月6—11日的逐时流量,并计算出日平均流量。

(3) 提交成果:

1) 水位流量、水位面积、水位流速关系图。

2) 测点相对偏差计算统计表,适线性检验成果(表3)。

3) 水位流量关系表及逐时流量推算表(包括日平均流量的计算)(表4)。

表1 ××站实测流量成果表

施测号数	施测时间				断面位置	测验方法	基本水尺水位/m	流量/(m^3/s)	断面面积/m^2	流速/(m/s)	
	月	日	起止							平均	最大
			时:分	时:分							
1	1	14	8:53		基	流速仪	1.84	40.0	192	0.21	0.26
2	3	13	9:15		〃	〃	3.25	435	485	0.90	1.21
3		16	19:20		〃	〃	4.35	1020	742	1.37	1.87
4	4	16	19:10		〃	〃	2.85	262	406	0.65	0.95
5		18	0:31		〃	〃	4.76	1290	874	1.48	2.02
6		23	14:32		〃	〃	3.94	765	644	1.19	1.61
7		28	9:20		〃	〃	2.44	156	323	0.49	0.65
8		30	12:37		〃	〃	4.10	876	670	1.29	1.84
9	5	2	21:55		〃	〃	4.82	1300	863	1.51	2.06
10		19	20:32		〃	〃	5.78	1870	1080	1.73	2.34
11		28	20:48		〃	〃	3.78	681	601	1.13	1.50
12	6	2	14:42		〃	〃	6.63	2450	1230	1.99	2.64
13			20:28		〃	〃	5.58	2520	(1300)	1.94	2.43
14		4	17:30		〃	〃	5.29	1550	963	1.61	2.27
15		5	8:56		〃	〃	4.25	874	700	1.25	1.74

续表

施测号数	施测时间				断面位置	测验方法	基本水尺水位/m	流量/(m^3/s)	断面面积/m^2	流速/(m/s)	
	月	日	起止							平均	最大
			时：分	时：分							
16		8	0：00		〃	〃	5.58	1950	(1040)	1.88	2.36
17		9	4：54		〃	〃	8.05	4200	(1680)	2.51	3.13
18			8：58		〃	〃	7.55	3430	(1550)	2.21	2.99
19		25	3：14		〃	〃	6.41	2430	(1260)	1.03	2.78
20	7	9	15：25		〃	〃	6.66	2730	(1320)	2.07	2.86
21		15	9：00		〃	〃	3.51	549	551	1.00	1.34
22		21	15：50		〃	〃	2.18	92.1	238	2.36	0.48
23		22	15：21		〃	〃	2.09	78.5	239	0.33	0.44
24		26	8：50		〃	〃	1.96	56.6	215	0.26	0.34
25	8	2	14：35		〃	〃	2.06	69.3	237	0.29	0.41
26		5	15：00		〃	〃	1.78	30.9	178	0.17	0.21
27		13	8：31		〃	〃	1.68	16.3	161	0.16	0.20
28		21	9：03		〃	〃	1.60	18.2	142	0.13	0.16
29	10	30	13：54		〃	〃	1.98	58.3	221	0.26	0.31
30	12	30	13：55		〃	〃	1.90	47.8	205	0.23	0.27

表2　　××站洪水水文要素摘录表

月	日	时	水位/m	流量/(m^3/s)
6	5	20	3.69	
	6	2	34	
		8	28	
		20	06	
	7	2	2.99	
		8	98	
		10	3.02	
		12	09	
		14	31	
		16	4.04	
		17	47	
		18	81	
		19	5.05	
		20	24	

月	日	时	水位/m	流量/(m^3/s)
6	7	22	5.49	
		23	56	
	8	0	58	
		1	58	
		3	54	
		5	49	
		8	30	
		10	24	
		11	25	
		12	30	
		13	38	
		15	65	
		17	6.08	
		19	6.56	

月	日	时	水位/m	流量/(m^3/s)
6	8	20	6.78	
		22	7.20	
	9	0	62	
		2	92	
		3	8.01	
		4	05	
		5	05	
		7	7.90	
		8	76	
		10	35	
		12	6.81	
		16	5.92	
		20	36	
		22	5.09	

月	日	时	水位/m	流量/(m^3/s)
6	10	2	4.69	
		8	29	
		14	3.98	
		20	75	
	11	8	36	
		20	14	
	12	8	2.96	

表 3　　流量相对偏差计算表及适线性检验计算统计表

按水位级排队测点序号	水位 /m	实测流量 Q_i /(m^3/s)	关系线上查得流量 Q_{ci} /(m^3/s)	$X_i=\frac{Q_i-Q_{ci}}{Q_{ci}}$ %	X_i^2 %	相邻点符号相同相异情况
1						
2						
3						
4						
5						
⋮						
30						

相对标准差 S_e 计算：$S_e=\sqrt{\frac{1}{n-2}\sum_{i=1}^{n}X_i^2}$

适线检验：

当 $\alpha=0.05$ 时，$u_{1-\alpha}=1.64$；$u=\frac{0.5(n-1)-k-0.5}{0.5\sqrt{n-1}}$

表 4　　推流表及日平均流量计算表

时间			流量 /(m^3/s)	相邻数值之和	时距 /h	乘积	日平均流量 /(m^3/s)
月	日	时					

3.13　绳套曲线法资料整编。

（1）已知条件：

1）某站 2005 年部分实测流量成果表，见表 5。

2）最高水位 22.11m，最低水位 20.03m。

3）该站河床稳定，测站控制良好，水位面积关系点子分布为带状。

表 5　　实测流量成果表

序号	1	2	3	4	5	6	7	8	9	10
水位	20.07	20.23	20.50	20.80	21.07	21.29	20.95	21.23	21.50	21.80
流量	61.5	68.4	79	102	122	146	114	143	178	217
序号	11	12	13	14	15	16	17	18	19	20
水位	21.65	22.00	22.09	22.11	21.90	21.60	21.22	20.90	20.55	20.30
流量	198	240	243	240	198	161	129	102	84.2	69.5

（2）要求：

1）依据上表定出该站水位-流量关系曲线。

2）判断此站水位流量关系受什么影响？为什么？

3）判断曲线是否应做3种检验？为什么？

3.14 利用水力学公式法进行水位流量关系曲线的高水延长。

（1）已知条件：

1）1965年××水文站（右溪）部分实测流量成果表，见表6。

2）1965××水文站实测大断面资料，见表7。

3）××水文站于1965年测流时的最高水位为25.80m，而该年最高水位为26.16m，推求其流量。

4）水文站概况：××水文站为遂川江支流右溪上游基本站，于1958年4月设立。测站上游约50m有一石滩，对枯季测流有影响，下游约300m处有一大弯道。测验河段比较顺直，中低水位时主流靠右岸。河宽约45m，高水时漫滩约17m。左岸有水草生长，河床为卵石组成。

（2）要求。首先根据实测流量成果定出$Z-Q$关系线，然后按下列2种方法进行高水延长。

1）曼宁公式延长：

a. 用曼宁公式$V=\frac{1}{n}R^{\frac{2}{3}}S^{\frac{1}{2}}$，当没有糙率、比降数据时，公式可改为

$$\frac{V}{\overline{d}^{\frac{2}{3}}}=\frac{S^{\frac{1}{2}}}{n}$$

根据实测流量，计算$\frac{1}{n}S^{\frac{1}{2}}$之值。式中水力半径$R$常用平均水深$\overline{d}$代替，即$\frac{1}{n}S^{\frac{1}{2}}=\frac{V}{\overline{d}^{\frac{2}{3}}}$。

b. 点绘$Z-\frac{1}{n}S^{\frac{1}{2}}$关系图。通过点群中心定$Z-\frac{1}{n}S^{\frac{1}{2}}$曲线。在河道顺直、断面均匀、坡度平坦的测站，高水部分$\frac{1}{n}S^{\frac{1}{2}}$接近于常数，故$Z-\frac{1}{n}S^{\frac{1}{2}}$曲线高水部分可顺势延长。

c. 由大断面数据，可求得高水时（可至历年最高水位）的断面面积A及平均水深$\overline{d}$，计算$A\overline{d}^{\frac{2}{3}}$，绘$Z-A\overline{d}^{\frac{2}{3}}$曲线。

d. 设m个高水位（至少3个），由Z分别查得$\frac{1}{n}S^{\frac{1}{2}}$及$A\overline{d}^{\frac{2}{3}}$的值，按下式计算相应的流量。

$$Q=A\times V=A\times\frac{1}{n}\overline{d}^{\frac{2}{3}}S^{\frac{1}{2}}=\frac{1}{n}S^{\frac{1}{2}}A\overline{d}^{\frac{2}{3}}$$

由高水时Z及对应Q，点绘于$Z-Q$关系图，据此延长$Z-Q$关系曲线。

e. 推求$Z=26.16$m时的Q。可直接在已延长的$Z-Q$关系曲线上查读。

以上步骤可列表计算，见表8。

2）用 $Q-A\sqrt{d}$ 曲线法延长。根据谢才公式 $Q=CA\sqrt{RS}=C\sqrt{S}\cdot A\sqrt{R}\approx C\sqrt{S}\cdot A\sqrt{d}$，在高水部分，$C\sqrt{S}$ 近似为常数 K，则上式改写为：$Q=K\cdot A\sqrt{d}$，可见，高水部分 $Q-A\sqrt{d}$ 关系近似成直线，据此作高水延长。

a. 根据实测大断面图及实测流量成果计算 $Q-A\sqrt{d}$ 的关系点，可列表进行计算，见表 3。

b. 绘 $Z-A\sqrt{d}$ 及 $Q-A\sqrt{d}$ 关系曲线（在同一张 $Z-Q$ 关系曲线上）。

c. 延长 $Z-A\sqrt{d}$ 及 $Q-A\sqrt{d}$ 关系曲线。

$Z-A\sqrt{d}$ 曲线的延长，可根据大断面数据计算，再加以延长；$Q-A\sqrt{d}$ 曲线，可按趋势直线延长。

d. 延长 $Z-Q$ 曲线。由 $Z=26.16$m 及在该水位附近选至少 3 个点，在 $Z-A\sqrt{d}$ 曲线上查得 $A\sqrt{d}$ 值；再由 $A\sqrt{d}$ 值在 $Q-A\sqrt{d}$ 曲线上查得 Q 值。以所求得的 Q 值与相应的 Z 点绘在原水位流量关系曲线图上，据以连成平滑的高水延长曲线。

e. 求 $Z=26.16$m 的相应流量 Q。

以上步骤可列表计算，见表 8。

（3）提交成果：

1）$Z-Q$ 关系曲线高水延长的计算表（2 种方法，见表 8）。

2）$Z-Q$ 关系曲线（包括高水延长部分）及辅助曲线。

表 6　　××站实测流量成果表

施测号数	施测时间				断面位置	测验方法	基本水尺水位/m	流量/(m^3/s)	断面面积/m^2	流速/(m/s)		水面宽/m	水深/m		水面比降(10^{-4})	糙率	附注
	月	日	起 时：分	止 时：分						平均	最大		平均	最大			
21	3	28	8：40	9：24	基	流速仪 9/9	25.19	70.0	44.4	1.58	2.67	34.6	1.28	2.08	29.1	0.040	
24	4	6	6：42	7：24	基	流速仪 7/7	24.66	28.5	26.5	1.08	1.99	30.9	0.86	1.55	15.3	0.031	
39	5	10	2：25	3：04	基	浮标 3/0.85	25.80	150	(670)	2.24	2.80	36.7	1.83	2.75			
40			5：48	7：52	基	流速仪 9/13	25.03	61.6	39.9	1.54	2.77	34.0	1.16	1.95	23.6	0.030	
52		25	6：50	7：44	基	流速仪 10/16	25.28	86.5	491	1.76	2.83	35.6	1.38	2.10	27.9	0.037	
53			16：31	18：43	基	流速仪 8/34	24.78	37.8	29.9	1.26	2.32	31.7	0.94	1.70	17.4	0.032	
62	6	11	21：15	22：20	基	流速仪 9/12	24.88	47.1	33.3	1.41	2.54	33.3	1.00	1.80	23.6	0.034	
64		12	20：18	20：58	基	流速仪 10/15	25.35	97.4	51.2	1.90	3.11	36.2	1.41	2.20	27.6	0.034	
66		13	16：24	17：06	基	流速仪 10/16	25.37	99.5	53.2	1.87	3.46	35.9	1.48	2.40	30.6	0.038	
119	10	2	20：35	22：01	基	流速仪 10/26	25.73	139	63.8	2.18	3.55	36.2	1.76	2.74	36.6	0.040	
120		3	15：30	16：06	基	流速仪 7/7	25.54	20.9	23.1	0.91	1.39	27.7	0.83	1.38	26.3	0.050	
121		24	14：40	16：00	基	流速仪 7/21	24.11	4.69	12.1	0.39	0.79	20.5	0.59	0.87	9.43	0.055	

表7 **某水文站大断面数据及大断面计算成果**

点次	起点距/m	河底高程/m	点次	起点距/m	河底高程/m	大断面计算成果	
						水位/m	面积/m²
左岸	0.0	34.95	17	70.1	27.18	23.20	0.00
1	2.4	33.60	18	71.6	25.54	23.50	1.77
2	11.3	33.67	19	83.6	24.32	24.00	9.57
3	14.8	33.34	20	86.6	24.09	24.50	20.9
4	15.3	32.26	21	88.6	23.93	25.00	35.1
5	22.5	32.49	22	90.6	23.74	25.50	52.0
6	23.6	32.07	23	92.6	23.49	26.00	70.8
7	28.2	32.04	24	94.6	23.37	26.50	90.2
8	31.7	31.48	25	96.6	23.25	27.00	110
9	33.2	29.49	26	98.6	23.29	27.50	133
10	38.5	29.51	27	100.6	23.23	28.00	159
11	40.0	29.11	28	102.6	23.34	28.50	187
12	43.0	28.78	29	104.6	23.54	29.00	219
13	56.1	28.76	30	106.6	23.62	29.50	255
14	56.9	28.22	31	106.9	24.09	30.00	295
15	58.4	28.32	32	117.9	33.14	31.00	376
16	59.9	27.32	右岸	121.0	34.92	32.00	461
						33.00	555
						34.00	665

表8 **某水文站 $Z-Q$ 关系曲线高水延长计算表**

$Q-A\sqrt{d}$曲线法延长								曼宁公式延长							
测次	水位 Z /m	流量 Q /(m³/s)	断面面积 A /m²	水面宽 B /m	平均水深$\overline{d}$ /m	$\sqrt{d}$	$A\sqrt{d}$	测次	水位 Z /m	平均水深$\overline{d}$ /m	$\overline{d}^{\frac{2}{3}}$	平均流速 V /(m/s)	$\frac{V}{\overline{d}^{2/3}}=\frac{S^{\frac{1}{2}}}{n}$	$A\overline{d}^{\frac{2}{3}}$	推算流量 /(m³/s)
外延	25.90							外延	25.90						
	26.00								26.00						
	26.30								26.30						
	26.50								26.50						
	26.70								26.70						

3.15　淹没式孔流的流量资料。

（1）已知条件：

1）××河干流××（闸）站 1970 年部分实测资料及 1965 年、1969 年的部分资料，见表 9。

2）××（闸）站 1970 年 6 月、7 月部分日平均水位，见表 10。

3）××（闸）站测站情况：××水位站于 1960 年 1 月设立。$Z_上$ 在××闸上游 150m 处，$Z_下$ 在闸下游 350m 处，水尺都设于××河右岸。××闸系实用堰调制闸，弧形闸门，共 28 孔，每孔宽 10m，实用堰堰顶高程为 12.00m。测流断面在下游 6km 的××水文站。测流断面上游 1400m 有铁路铁桥，在高水时有束水作用；下游约 1500m 有急湾。测验河段顺直，两岸有堤防，复式断面，当水位达 14.50m 时开始漫滩，左岸滩地宽约 100 m，右岸滩地宽约 150 m。下游 150km 为湖泊。

（2）淹没式孔流的流量资料整编步骤：

1）了解实测流量资料，检查各测次出流流态。

2）计算上、下游水位差 $\Delta Z = Z_上 - Z_下$。

3）点绘 $\Delta Z - Q$ 相关图在厘米格纸上，各测次 $\Delta Z - Q$ 关系点子旁边注上相应的 e 值。

4）计算流量系数 M，计算 $e/\Delta Z$ 的比值。

5）由计算的 M 值，点绘 $e/\Delta Z - M$ 相关图在厘米格纸上，经过点群中心绘出 $e/\Delta Z - M$ 关系曲线。

6）用各种不同的 e、ΔZ 值（假定），并从 $e/\Delta Z - M$ 曲线上查得 M 值，然后计算出流量 $Q = MBe\sqrt{\Delta Z}$。

注意：计算时 B 可采用全断面的总宽度，也可用每孔的宽度。采用单孔宽度时，全断面的流量是孔数乘以单孔流量。

7）由各种不同的 e、ΔZ、Q 值，绘制 $\Delta Z - e - Q$ 关系曲线簇。

8）根据已知闸上、下游水位资料，闸门开启高度，开闸孔数。推求 6 月 6—15 日及 7 月 2—4 日的日平均流量。

（3）提交成果：

1）流量系数 M 的计算成果表及 $e/\Delta Z - M$ 关系曲线。

2）××闸 $\Delta Z - e - Q$ 关系曲线图表。

3）××闸 6 月 6—15 日，7 月 2—4 日的推流成果。

表 9　　××闸 1970 年部分实测资料及 1965 年、1969 年部分实测资料

年	月	日	测次	$Z_上$	$Z_下$	ΔZ /m	e /m	n /孔	B /m	Q /(m^3/s)	$\frac{e}{\Delta Z}$	M
1970	5	29	17	16.71	14.23		0.75	28	280	1150		
		30	18	16.58	14.34		0.75	28	280	1060		
			19	16.48	14.75		0.91	28	280	1210		
		31	20	16.61	14.78		1.08	28	280	1390		

续表

年	月	日	测次	$Z_上$	$Z_下$	ΔZ /m	e /m	n /孔	B /m	Q /(m^3/s)	$\frac{e}{\Delta Z}$	M
1970	6	1	21	15.95	15.56		2.73	28	280	2060		
		3	22	16.24	15.54		2.05	28	280	1710		
		5	23	16.12	15.52		2.27	28	280	1740		
		10	24	16.30	14.75		1.08	28	280	1220		
		12	25	16.01	15.00		1.42	28	280	1380		
	7	18	34	16.52	13.85		1.03	14	140	754		
	8	13	52	16.56	14.65		0.75	28	280	916		
		20	53	16.78	15.41		1.42	28	280	1600		
		21	54	16.85	15.85		1.60	28	280	1700		
		24	55	16.48	15.14		1.25	28	280	1310		
	9	2	58	17.45	14.56		0.66	28	280	1070		
		21	60	17.58	15.01		0.91	28	280	1290		
		23	61	17.29	15.45		1.25	28	280	1550		
		30	62	17.48	16.09		1.82	28	280	2020		
	10	5	63	17.14	16.38		2.59	28	280	2040		
		30	64	16.29	15.46	0.83	2.05	24	240	1520	2.47	3.39
	11	2	65	16.06	15.46	0.60	2.27	24	240	1440	3.78	3.41
1965	9	19	55	15.80	13.78		0.44	28	280	575		
	10	3	60	16.21	13.41		0.31	28	280	463		
		7	61	15.56	13.06		0.22	28	280	326		
1969	8	25	67			0.43	2.73	22	220	1460	6.35	3.71
	9	7	71			0.62	2.73	22	220	1700	4.40	3.59
		9	72			0.56	2.73	22	220	1630	4.88	3.63
		12	73			0.53	2.73	22	220	1630	5.15	3.73
	10	1	87			0.71	2.96	22	220	1950	4.17	3.55

表10　××闸1970年6—7月部分日平均流量

月	日	$Z_上$	$Z_下$	e/m	ΔZ	n/孔	Q/(m^3/s)
6	6	15.93	15.38	2.20		28	
	7	15.92	15.13	1.70		28	
	8	16.00	14.82	1.20		28	
	9	16.10	14.71	1.10		28	
	10	16.26	14.82	1.20		28	
	11	16.12	14.99	1.40		28	
	12	15.99	15.00	1.50		28	

续表

月	日	$Z_上$	$Z_下$	e/m	ΔZ	n/孔	Q/(m³/s)
6	13	15.91	15.01	1.50		28	
	14	15.92	14.81	1.40		28	
	15	16.02	14.21	1.90		14	
7	2	17.01	13.50	0.35		28	
	3	17.06	13.77	0.50		28	
	4	16.78	14.29	0.67		28	

3.16　冰期改正系数法资料整编。

(1) 已知条件：

1) ××水文站冰期部分实测流量成果表，见表 11。

2) ××水文站 6 月 5—12 日部分水位摘录表，见表 12，11 月 21 日 8 时出现岸冰，12 月 8 日 9 时 55 分至次年 1 月 1 日封冻，无冰塞、冰坝壅水现象。

3) ××水文站的概况：测验河段较顺直，河床整齐多卵石，土质坚实，两岸无明显冲淤变化。上游 10km 有一水电站。

(2) 要求：

合理选用流量资料整编方法，推算指定日期流量。

(3) 提交成果：

列表（见表 13、表 14）推算 12 月 1 日 8 时—6 日 20 时流量。

表 11　　××站实测流量成果表

施测号数	施测时间		施测时间		断面位置	测验方法	基本水尺水位/m	流量/(m³/s)	断面面积/m²	流速/(m/s)		水面宽/m	水深/m	
	月	日	起 时：分	止 时：分						平均	最大		平均	最大
66	8	22	16：10	16：32	基	流速仪	93.26	17.5	21.3	0.82	1.08	42.0	0.51	0.80
67		26	14：10	14：28	〃	〃	23	14.5	20.0	0.72	0.99	42.0	0.48	0.79
68	9	4	8：30	8：52	〃	〃	39	27.3	25.0	1.09	1.42	55.0	0.45	0.81
69		14	13：00	13：38	〃	〃	17	10.8	17.1	0.63	0.90	40.0	0.43	0.70
70		27	13：10	13：40	〃	〃	13	9.48	15.1	0.63	0.89	38.0	0.40	0.61
71	10	10	12：00	12：40	〃	〃	08	6.42	13.2	0.49	0.64	35.0	0.38	0.57
72		24	12：10	12：40	〃	〃	00	4.25	10.5	0.40	0.55	33.0	0.32	0.50
73	11	6	13：10	13：36	〃	〃	92.98	4.16	9.85	0.42	0.52	32.0	0.31	0.48
74		8	13：00	13：36	〃	〃	90	1.95	7.65	0.25	0.33	30.0	0.26	0.41
75		15	11：00	11：20	〃	〃	85	0.835	6.25	0.13	0.16	27.0	0.23	0.38
76		21	10：32	10：52	〃	〃	93.03	3.88	11.7	0.33	0.50	32.0	0.37	0.54
77		24	9：40	9：58	〃	〃	92.93	2.16	8.20	0.26	0.38	29.0	0.28	0.41
78		27	10：10	10：36	〃	〃	93.08	5.38	13.7	0.39	0.48	35.0	0.39	0.59

续表

施测号数	施测时间				断面位置	测验方法	基本水尺水位/m	流量/(m^3/s)	断面面积/m^2	流速/(m/s)		水面宽/m	水深/m	
	月	日	起止											
			时：分	时：分						平均	最大		平均	最大
79	12	2	10：34	10：54	〃	〃	01	2.64	10.1	0.26	0.42	30.0	0.34	0.48
80		8	9：46	10：04	〃	〃	92.90	1.26	7.08	0.18	0.26	27.0	0.26	0.38
81		12	10：30	10：58	〃	〃	93.11	1.62	10.2	0.16	0.31	33.0	0.31	0.55
82		19	9：02	9：44	〃	〃	22	2.61	11.5	0.23	0.41	36.0	0.32	0.51
83		26	10：06	10：28	〃	〃	18	2.84	9.89	0.29	0.67	35.0	0.28	0.41
84		31	11：14	11：32	〃	〃	08	1.30	6.74	0.19	0.43	33.0	0.20	0.33

表12　　××站水位、水温观测记载表

月．日	时：分	水位/m	气温/℃
11.20	8：00	92.97	
	20：00	92.97	
11.21	8：00	92.99	−14.0
	10：42	93.03	
	20：00	93.00	
11.22	8：00	92.93	−15.0
	20：00	92.95	
11.23	8：00	92.92	−10.0
	20：00	92.96	
11.24	8：00	92.93	−9.0
	9：49	92.93	
	20：00	92.91	
11.25	8：00	92.89	−4.0
	20：00	93.03	
11.26	8：00	92.99	−5.0
	20：00	93.14	
11.27	8：00	93.09	−6.0
	10：23	93.08	
	20：00	93.08	
11.28	8：00	92.95	−5.5
	20：00	93.09	
11.29	8：00	92.96	−8.0
	20：00	93.09	
11.30	8：00	92.97	−1.0
	20：00	93.00	
12.1	8：00	92.97	−2.0
	20：00	92.99	
12.2	8：00	92.97	−2.0
	10：44	93.01	
	20：00	93.01	
12.3	8：00	92.97	−10.0
	20：00	92.93	

月．日	时：分	水位/m	气温/℃
12.4	8：00	92.95	−2.0
	20：00	92.97	
12.5	8：00	92.99	−5.0
	20：00	92.98	
12.6	8：00	92.95	−8.0
	20：00	93.05	
12.7	8：00	93.0	−1.0
	20：00	92.94	
12.8	8：00	92.89	−12.0
	9：55	92.90	
	20：00	92.87	
12.9	8：00	93.09	−9.0
	20：00	93.09	
12.10	8：00	93.16	−6.0
	20：00	93.34	
12.11	8：00	93.34	−10.0
	20：00	93.26	
12.12	8：00	93.26	−5.0
	10：44	93.11	
	20：00	93.19	
12.13	8：00	93.34	−7.0
	20：00	93.38	
12.14	8：00	93.36	−5.0
	20：00	93.38	
12.15	8：00	93.32	−15.0
	20：00	93.23	
12.16	8：00	93.20	−18.0
	20：00	93.20	
12.17	8：00	93.19	−8.0
	20：00	93.11	
12.18	8：00	93.13	−5.0
	20：00	93.24	

月．日	时：分	水位/m	气温/℃
12.19	8：00	93.22	−3.0
	9：23	93.22	
	20：00	93.20	
12.20	8：00	93.08	−3.0
	20：00	93.04	
12.21	8：00	93.02	−6.0
	20：00	93.00	
12.22	8：00	93.08	−8.0
	20：00	93.15	
12.23	8：00	93.11	−13.0
	20：00	93.10	
12.24	8：00	93.04	−12.0
	20：00	93.05	
12.25	8：00	93.11	−5.0
	20：00	93.18	
12.26	8：00	93.19	−8.0
	10：17	93.18	
	20：00	93.19	
12.27	8：00	93.08	−11.0
	20：00	93.04	
12.28	8：00	93.05	−18.0
	20：00	93.04	
12.29	8：00	93.03	−11.0
	20：00	93.02	
12.30	8：00	93.15	−17.0
	20：00	93.16	
12.31	8：00	93.09	−10.0
	11：23	93.08	
	20：00	93.06	
1.1	0：00	93.05	
	8：00	93.05	−6.0
	8：49	93.05	

表 13　　改正系数计算表

测次	时间			水位 Z /m	实测流量 /(m^3/s)	标准线上查得流量 Q_c /(m^3/s)	改正系数 K
	月	日	时分				

表 14　　改正系数法流量计算表

月	日	时	水位 /m	标准线上查得流量 /(m^3/s)	过程线上查得改正系数 K	改正后流量 /(m^3/s)

第4章 泥沙资料整编

4.1 概 述

目前河道中悬移质输沙率、推移质输沙率、悬移质含沙量以及颗粒级配等泥沙资料测验不可能逐日逐时连续进行。所实测的资料是零星的、不连续的、可能含有错误的原始数据，这样的数据不能反映出河道泥沙资料要素的完整变化过程和变化规律，不能满足国民经济有关部门的使用要求。因此，对实测的泥沙资料，按照一定的方法和技术标准进行资料整编，得到系统、完整、可靠的泥沙资料，为河流的开发利用、流域规划、河道整治，水利工程设计、水利科学研究等方面服务。

4.1.1 工作内容

泥沙资料整编的工作内容包括悬移质输沙率资料整编、推移质输沙率资料整编和泥沙颗粒级配资料整编。

悬移质输沙率资料整编的内容主要有：编制实测悬移质输沙率成果表；绘制单样含沙量（简称“单沙”）与断面平均含沙量（简称“断沙”）关系曲线或比例系数过程线或流量与输沙率关系曲线；关系曲线的分析与检验；数据整理；整编逐日平均悬移质输沙率，逐日平均含沙量表和洪水要素摘录表；绘制瞬时或逐日单沙（或断沙）过程线；单站合理性检查；编制悬移质输沙率资料整编说明表。

推移质输沙率资料整编工作，是根据实测推移质输沙率、单位推移质基本输沙率（简称单推）和有关水力因素等资料，进行实测推移质资料的审查工作，编制实测推移质输沙率成果表，确定推求推移质输沙率的方法，推算逐日推移质输沙率并编制其逐日表。

泥沙颗粒级配资料整编的内容主要有：实测资料分析与数据整理；编制实测悬移质颗粒级配成果表及实测悬移质单样颗粒级配成果表；绘制单样颗粒级配（简称单颗）与断面平均颗粒级配（简称断颗）关系线（简称单断颗关系线），并进行分析及检验；整编悬移质断面平均颗粒级配成果表，日及月年平均悬移质颗粒级配成果表；绘制月、年平均悬移质颗粒级配曲线，计算特征值；进行单站资料的合理性检查；编制悬移质泥沙颗粒级配资料整编说明表。

4.1.2 工作目标

泥沙资料整编的工作内容始终围绕工作目标展开，通过资料整编使整编工作达到一定的目标，完成的主要目标成果有：实测悬移质和推移质的输沙率成果表，悬移质断面平均颗粒级配成果表，各种所定的关系线，逐日平均悬移质和推移质的输沙率表，逐日平均含沙量表，洪水要素摘录表，瞬时或逐日单沙（或断沙）过程线，月、年平均悬移质颗粒级配曲线，泥沙资料整编说明表等。

4.1.3 方法和步骤

1. 悬移质输沙率资料整编的方法和步骤

（1）整编方法：单沙断沙关系曲线法，单断沙比例系数过程线法，流量与输沙率关系曲线法，实测断沙过程线法，实测单沙过程线法等。

（2）整编步骤：先对实测泥沙资料进行校核分析，并对缺测资料采用一定的方法进行插补；然后根据水文测站的特性，确定整编的方法；再对所定的单断沙关系曲线进行延长与检验；最后推求逐日平均输沙率和逐日平均含沙量，并对资料进行合理性检查。

2. 推移质输沙率资料整编的方法和步骤

（1）整编方法：推移质输沙率与水力因素相关法，单断推关系法，推移质输沙率与悬移质输沙率比值过程线法，实测推移质输沙率过程线法等。

（2）整编步骤：推移质输沙率资料整编的步骤与悬移质泥沙资料整编的步骤相似，主要有：先对实测泥沙资料进行校核分析；然后根据水文测站的特性，确定整编的方法；最后在所定的关系线基础上推求逐日平均推移质输沙率，并对资料进行合理性检查。

3. 泥沙颗粒级配资料整编的方法和步骤

（1）整编方法：单颗断颗关系法，断颗过程线法，单颗过程线法等。

（2）整编步骤：泥沙颗粒级配资料整编的步骤与推移质、悬移质泥沙资料整编的步骤相似，主要有：先对实测泥沙资料进行校核分析；然后根据水文测站的特性，确定悬移质泥沙颗粒级配资料整编的方法；最后计算悬移质日、月、年平均颗粒级配和平均粒径，并对资料进行合理性检查。

4.2 资料校核与插补

4.2.1 资料校核

天然河流的含沙量是经常变化的，同时由于泥沙测验仪器的性能、操作方法和沙样处理方法等方面，实测泥沙资料有一定的误差，有时还可能出现错误。因此，在泥沙资料整编时应对实测资料进行校核分析。

4.2.1.1 实测悬移质资料的校核分析

1. 单沙过程线分析

将水位、流量、单沙过程线绘在同一张图上，若有输沙率资料，将断沙也点在图上，对照检查各因素变化的趋势。如有突出不相应的测点，应作分析研究。出现突出现象的原因，通常有测验问题和天然因素的影响两个方面。在测验方面，如沙样称重或计算错误，导致单沙突大突小，和其他因素的变化不相应，取样位置不当或单位水样受脉动影响，引起含沙量成锯齿形跳动等。在天然因素影响方面，如季节、洪水来源、暴雨特性等变化，会使水位、流量、含沙量发生不相应的变化。

2. 单沙断沙关系分析

点绘全年各次实测输沙率的相应单沙和断沙的关系，参考历年单沙断沙关系曲线的规律，对实测资料进行检查。若发现有关系点与单断沙关系曲线的一般规律不相适应，应对该测次偏离关系曲线的原因进行分析。一般可点绘流速、含沙量横向分布图和其他测次进行比较。通常造成突出偏离的原因如下。

(1) 相应单沙代表性差或测验计算方面存在问题。例如，输沙率测验期间含沙量变化大，只测了一次单沙作为这次输沙率的相应单沙，代表性不好，相应单沙的测验位置和方法与其他测次不同，计算错误等。

(2) 输沙率测验或计算方面存在问题。如垂线太少或布置不当，含沙量、输沙率计算错误等。

(3) 特殊水情的影响。如断面冲淤变化很大，主流大幅度的摆动等。

经过分析，凡属单沙和输沙率计算方面的错误，应予改正；如测验方面存在问题，错误较大且不能改正的，可以舍弃。特殊水情造成的突出点，应该据以整编，并作为改进测验方法的分析资料。

对于实行间测的测站，在进行资料校核分析时，若本年有校测资料应与历年综合单断沙关系曲线进行对照分析，以检查是否满足用历年综合单断沙关系曲线推沙的条件。

4.2.1.2　实测推移质资料的校核分析

实测资料表明，河流中的推移质运动，无论是在断面上的变化，或是在时间上的变化，都比悬移质大得多。

影响推移质输沙率的主要因素有：流速、流量、比降、断面形状、推沙粒径等。因此，可以根据测站特性寻求相关的影响因素和实测输沙率的关系来对实测资料进行分析。如用实测推移质输沙率与某水力因素过程线对照；实测推移质输沙率与某水力因素相关分析等。有实测单位推移质输沙率资料的测站，也可点绘单推断推关系点进行相关分析。

通过分析，探求推移质运动变化的内在规律，找出突出点偏离的原因，予以适当处理，并研究确定推求推移质输沙率的方法。

4.2.1.3　实测颗粒级配资料的校核分析

在同时施测悬移质，推移质、河床质的测站，可将同时施测的3种泥沙的断面平均颗粒级配曲线绘在同一图上，检查三者相互关系。3条曲线不应相交，小于或等于相同粒径的沙量百分数，以悬移质为最大，河床质最小。如有反常现象，须检查分析其原因。

以单样水样颗粒级配（简称单颗）小于某粒径沙量百分数为纵坐标，相应的断面平均颗粒级配（简称断颗）小于某粒径沙量百分数为横坐标，点绘关系图。若关系点有系统偏离，可能是单颗取样方法或取样位置不当所致。如单样水样用0.6一点法取样，或主流一线法取样，单颗可能系统偏粗；又如河道的冲淤变化、主流摆动等，也可能使单颗资料在一段时期内系统偏粗或偏细。若单颗断颗关系散乱，可能是单颗代表性差，或者是分析操作误差较大，计算错误，以及特殊水情、沙情的影响等原因造成。对计算错误的资料，应予改正。

4.2.2 含沙量的插补方法

为了获得完整的整编成果，测次必须控制全年含沙量的过程变化。如因特殊原因缺测含沙量，在条件许可时应进行插补。由于影响含沙量的因素十分复杂，在选用插补方法时，须对测站特性、洪水来源、沙量来源等情况深入分析，了解含沙量的变化和有关因素，如水位、流量、暴雨、冲淤影响等之间的关系。如插补重要沙峰，更应仔细分析研究。

插补含沙量的方法有以下几种。

1. 直线插补法

在水位平缓，含沙量变化不大，或水位和含沙量变化虽较大，但未跨过峰、谷时，可用缺测时段两端的实测含沙量，按时间比例内插缺测时段的含沙量。

2. 连过程线插补法

在含沙量与水位、流量变化过程较相应的测站或时期，当缺测期间的水位、流量变化不大，或者是水位起伏变化虽大，但缺测时间不长，可根据水位、流量的起伏变化过程，连绘含沙量过程线，予以插补。

3. 流量（水位）与含沙量关系插补法

当流量（水位）与含沙量有一定相关关系时，可用缺测时期的前、后流量（水位）过程线上的流量（水位）与含沙量过程线上的含沙量，点绘流量（水位）与含沙量关系曲线，据以插补缺测的含沙量。

4. 上下游含沙量相关插补法

在没有支流汇入或冲淤变化较小的河段，本站与上下游站含沙量关系良好时，可点绘上（或下）游站的含沙量与本站含沙量的关系曲线，用以插补本站缺测含沙量。上下游两站的含沙量常有较好的相应关系，可用上下游两站相应的实测单沙点绘相关图，通过点群中心定出相关线。

4.3 悬移质输沙率资料整编

4.3.1 推求断沙的方法

4.3.1.1 单沙断沙关系曲线法

1. 适用条件

单沙断沙关系曲线法是推求断面平均含沙量所采用的主要方法。适用于单沙断沙关系比较稳定的测站。

2. 关系线绘制

以实测单沙为纵坐标，实测断沙为横坐标，用同一比例尺点绘在普通坐标纸上，一般读数误差不超过 2.5%，否则应另绘放大图，含沙量很小时可适当放宽。

3. 定线方法

因测站特性不同，关系曲线的型式有单一线型和多线型。

（1）单沙断沙关系的单一线法。全年的单沙断沙关系点密集成一带状，不随时间、水位或单沙测验位置和方法而存在明显系统偏离，且有75%以上的测次的关系点与平均关系线的偏差不超过±10%（测验精度较低的，可放宽到±15%）时，可采用此法。

定线时，根据关系点的分布趋势，用目估或用分组求重心的方法，通过点群中心和原点，定出一条直线或光滑的曲线，使点子均匀地分布在关系线的两侧。在平均曲线的两旁，分别作出偏离该线±10%（或±15%）的两条线，计算这两条线范围内点子数目与总点数之比值，该比值应大于75%，如图4.1所示。

（2）单沙断沙关系的多线法。全年的单沙断沙关系点分布趋势不一致，随时间、水位或单沙测验位置、方法而明显地分散成几个独立的点时，可分别用时间、水位或单沙测验位置、方法作参数，参照单一线的定线要求，定出多条单断沙关系线。

1）以水位作参数定线。测站断面比较稳定，但在某一定水位以上，河流有漫滩、分流或弯道影响，致使含沙量的横向分布随水位而有变动时，如单沙系在固定位置施测，全年的单沙断沙关系不是单一线，可用水位作参数，定出几条单沙断沙关系线，如图4.2所示。

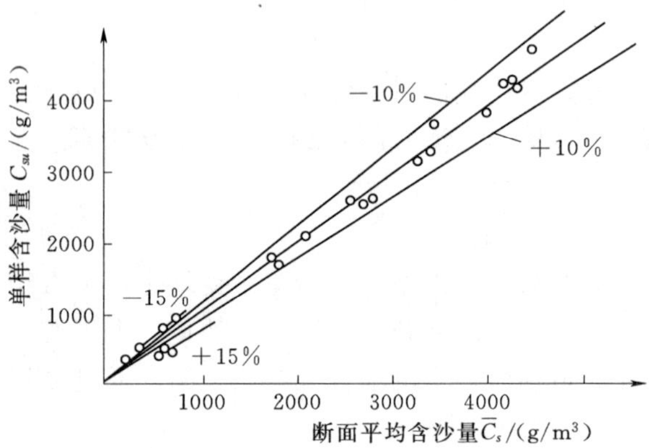

图4.1 单沙断沙关系图

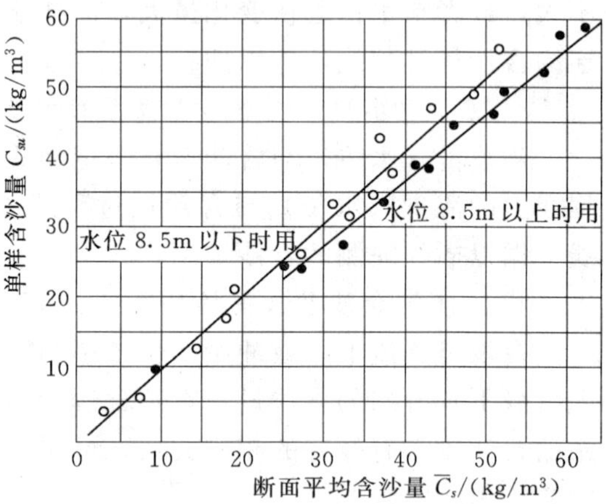

图4.2 以水位作参数单沙断沙关系图

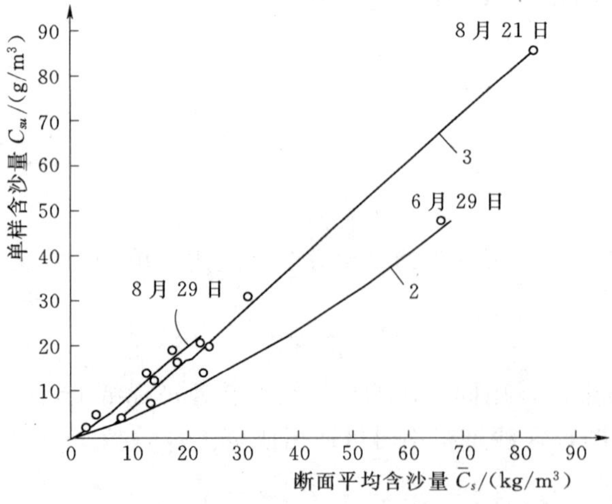

图4.3 以时间作参数单沙断沙关系图

2）以时间作参数定线。当河道主流摆动，断面有冲淤变化，使含沙量的横向分布随时间不同而有变化时，如果单沙在固定位置施测，则可分时段定几条单沙断沙关系线，如图4.3所示。

4. 定线精度与关系曲线检验

各种线型的定线精度应符合表4.1要求。当一条关系曲线上的测点在10个以上时，按照要求用符号检验、适线检验和偏离检验进行曲线检验。使用历年综合单断沙关系曲线的测站，本年度为校测者，测点数在5个以上时，按照要求进行 t 检验。

表4.1　　悬移质泥沙关系曲线法定线精度指标表

站　　类	定线方法	定线精度指标	
		系统误差/(±%)	不确定度/%
一类精度的水文站	单一线法	±2	18
	多线法	±3	20
二类精度的水文站	单一线法	±3	20
	多线法	±4	24
三类精度的水文站	各种曲线	±3	28

注　1. 巡测站定线随机不确定度可增大2%。
2. 流量与输沙率关系曲线法随机不确定度可增大2%。

5. 推沙方法

单断沙关系为单一直线、折线或曲线时，可用关系线系数、拟合公式、插值法等方法，由单沙计算断沙；单断沙关系为多条曲线时，根据推沙时段分别按单一线法计算断沙。

4.3.1.2　单断沙比例系数过程线法

1. 适用条件

对于单断沙关系点据散乱，定线精度不符合表4.1的规定要求，但输沙率测次较多，且分布比较均匀，能基本控制单断沙关系变化转折点的测站，可采用单断沙比例系数过程线法。

2. 比例系数计算

比例系数可按照式（4.1）计算

$$m=\frac{\overline{C_s}}{C_{sur}} \tag{4.1}$$

式中　m——比例系数；

$\overline{C_s}$——实测断沙，kg/m^3 或 g/m^3；

C_{sur}——与实测断沙所对应的单沙，即相应单沙，kg/m^3 或 g/m^3。

3. 点绘比例系数过程线

以比例系数 m 为纵坐标，时间为横坐标，参照水位、流量过程，点绘比例系数过程线，如图4.4所示。

4. 推沙方法

以实测单沙的相应时间，在比例系数过程线上求得比例系数，再乘以单沙，即为断沙。

4.3.1.3　流量与输沙率关系曲线法

1. 适用条件

当无单沙测验资料或单沙测验资料不完整，而流量与输沙率之间存在一定关系，且输沙率测次基本能控制各主要水峰、沙峰涨落变化过程时，可采用流量与输沙率关系曲线法推求断沙。

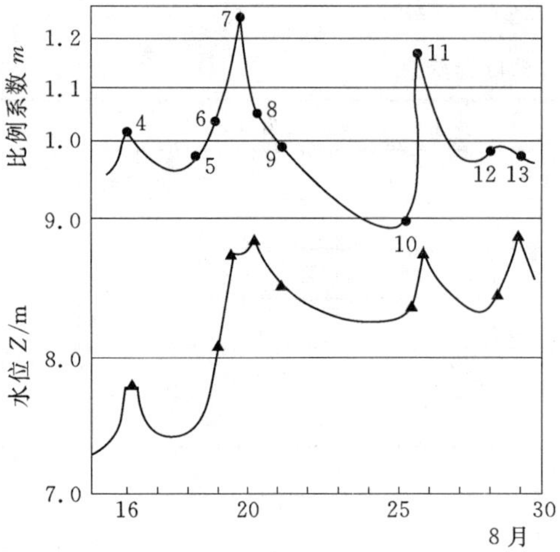

图 4.4　比例系数过程线与水位过程线

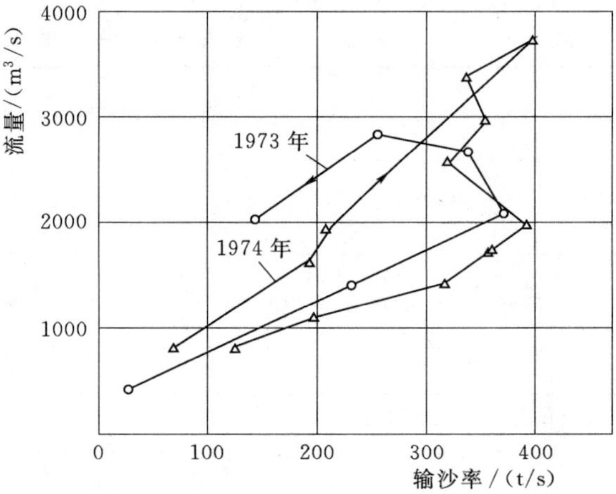

图 4.5　流量与输沙率关系曲线

2. 关系线的点绘

以流量为纵坐标，输沙率为横坐标，点绘在普通坐标纸上，绘出流量与输沙率关系曲线，如图 4.5 所示。定线精度应符合表 4.1 的规定要求。

小流域的山区河流，源短流急，泥沙来源比较单一，通常洪峰和沙峰同时出现，其流量和输沙率（或断沙）之间关系可能成一条或几条关系线。但一般河流的流量与输沙率（或断沙）关系常呈绳套曲线型，洪峰和沙峰常不相应，且峰量各有大小，必须有较多的实测输沙率测次，才能绘出绳套关系曲线。

3. 推沙方法

根据瞬时流量，在关系曲线上推求相应输沙率，除以流量即为断沙。

4.3.1.4　实测断沙过程线法

对不能采用单断沙关系曲线法，但对断沙成果精度要求较高且实测输沙率测次能控制断沙变化过程的测站，可采用实测断沙过程线法进行资料整编。

4.3.1.5　实测单沙过程线法

对于二类、三类站，在设站初期或特殊情况下，仅实测单沙时期以及当输沙率测次太少，不能使用上述方法推求断沙时，可采用实测单沙过程线法进行资料整编。

4.3.2　单断沙关系曲线的延长与检验

1. 单断沙关系曲线的延长

（1）单断沙关系曲线测点总数不少于 10 个，且实测输沙率最大相应单沙为最大实测单沙的 50%以上时，可作高沙延长。单断沙关系为直线时，向上延长变幅应小于实测最大单沙的 50%。若单断沙关系为曲线，延长幅度不超过 30%。

（2）单断沙关系曲线延长可顺已定关系曲线趋势，并参考历年关系曲线进行延长。

2. 单断沙关系曲线的检验

与水位和流量关系曲线的检验相同，具体内容见 3.3 节。

4.3.3 日平均输沙率和日平均含沙量的计算

4.3.3.1 计算日平均值的资料

（1）以实测点计算。直接使用实测断沙或单沙，或单沙经过换算的断沙进行日平均值的计算。

（2）以断沙或单沙过程线选摘录点据计算。根据点绘的断沙或单沙过程线，在过程线上摘录足够的并且能控制流量、含沙量变化的点次，进行日平均值的计算。

（3）以流量过程线选摘录点计算。在流量过程线选摘录点，或采用日平均流量点计算，使用流量与输沙率关系推求相应输沙率，计算日平均值。

4.3.3.2 日平均值的计算方法

在使用整编程序进行资料整编时，使用流量加权法第3种方法（积分法）计算日平均值。不使用整编程序进行资料整编时，可视单沙或断沙测取（摘录）次数及水、沙变化情况，选用代表法、算术平均法、面积包围法或流量加权法计算。

1. 断沙或单沙及插补值代表法

适用于含沙量基本稳定或变化较小时期，一日施测或摘录一次单沙或断沙，及未施测沙之日的。

（1）一日施测或摘录一次单沙或断沙时，即以单沙或断沙作为日平均含沙量 C_{sdm}，乘以日平均流量 Q_{dm}，即得日平均输沙率，即 $Q_{sdm}=C_{sdm}\cdot Q_{dm}$。

（2）几日施测一次单沙或断沙时，按规定未施测各日的日平均含沙量，可按前后施测日的断沙或单沙，以直线内插或在含沙量过程线上查读求得，再乘以日平均流量，即得日平均输沙率。

（3）若干天水样混合处理时，即以混合水样的相应单沙或断沙作为各日平均含沙量，并用以推算日平均输沙率。

2. 算术平均法

适用于流量变化不大，含沙量测次分布均匀的情况。即用各测次含沙量的算术平均值，作为日平均含沙量，计算日平均输沙率。

3. 面积包围法

当流量变化不大，但含沙量变化较大且测次分布不均匀时，用各测次含沙量以时间加权求得日平均含沙量，并用以推算日平均输沙率。

4. 流量加权法

当流量和含沙量变化较大，可采用流量加权法计算日平均输沙率，再除以日平均流量得日平均含沙量。用流量加权计算日平均输沙率的方法有以下3种。

（1）第1种方法。以瞬时流量乘以相应时间的含沙量，得出瞬时输沙率，再以时间加权求出日平均输沙率，除以日平均流量即得日平均含沙量。计算日平均输沙率公式为

$$Q_s=\frac{1}{48}\sum_{i=1}^{n}\left[(q_i c_{si}+q_{i+1}c_{s(i+1)})\Delta t_i\right] \tag{4.2}$$

式中 Q_s——日平均输沙率，kg/s 或 t/s；

q_i——瞬时流量，m^3/s；

c_{si}——瞬时含沙量，kg/m^3 或 g/m^3；

Δt_i——相邻时间的间隔，h；

i——瞬时流量、含沙量及时间系列序号。

第1种方法计算实例，见表4.2。

表4.2　××站流量加权法第1种方法日平均输沙率计算表

时间 日	时间 时：分	流量 /(m^3/s)	含沙量 /(kg/m^3)	输沙率 /(kg/s)	权数 Δt_1，$\Delta t_i+\Delta t_{i+1}$，$\Delta t_n$	积数	总数	日平均输沙率 /(kg/s)
2	0：00	2.33	18.3	42.6	8	341		
	8：00	1.96	16.2	31.8	18	572		
	18：00	1.50	43.2	64.8	12	778		
	20：00	69.5	332	23074	3	69222	347176	7230
	21：00	47.9	476	22800	1.7	38761		
	21：40	36.8	467	17186	1	17186		
	22：00	69.5	463	32179	1.3	41832		
	23：00	150	502	75300	2	150600		
	24：00	143	195	27885	1	27885		

（2）第2种方法。以相邻瞬时流量的平均值乘以相应含沙量的平均值，求得时段平均输沙率，再乘以该时段的时距，以其积的代数和除以一日的时间即得日平均输沙率，再除以日平均流量即得日平均含沙量。计算日平均输沙率公式为

$$Q_s = \frac{1}{96}\sum_{i=1}^{n}[(q_i + q_{i+1})(c_{si} + c_{s(i+1)})\Delta t_i] \tag{4.3}$$

式中符号同上。

第2种方法计算实例，见表4.3。

表4.3　××站流量加权法第2种方法日平均输沙率计算表

时间 日	时间 时：分	流量 /(m^3/s)	时段平均值 /(m^3/s)	含沙量 /(kg/m^3)	时段平均值 /(kg/m^3)	时段输沙率 /(kg/s)	时段	积数	总数	日平均输沙率 /(kg/s)
2	0：00	2.33		18.3					163466	6800
			2.14		17.2	37.0	8	296		
	8：00	1.96		16.2						
			1.73		29.7	51.4	10	514		
	18：00	1.50		43.2						
			35.5		188	6660	2	13320		
	20：00	69.5		332						
			58.7		404	23715	1	23715		
	21：00	47.9		476						
			42.4		472	19968	0.7	13978		
	21：40	36.8		467						
			53.2		465	24715	0.3	7414		
	22：00	69.5		463						
			110		482	52954	1	52954		
	23：00	150		502						
			146		348	51275	1	51275		
	24：00	143		195						

(3) 第 3 种方法：即积分法。相邻时段平均输沙率为流量、含沙量乘积的时间的积分与时段历时的比值，再乘以该时段的时距，其各时段的代数和除以一日的时间即得日平均输沙率，再除以日平均流量即得日平均含沙量。计算日平均输沙率公式为

$$Q_s = \frac{1}{72}\sum_{i=1}^{n}[(q_i c_{si} + q_{i+1} c_{s(i+1)})\Delta t_i] + \frac{1}{144}\sum_{i=1}^{n}[(q_i c_{s(i+1)} + q_{i+1} c_{si})\Delta t_i] \tag{4.4}$$

式中符号同上。

第 3 种方法计算实例，见表 4.4。

表 4.4　××站流量加权法第 3 种方法（积分法）日平均输沙率和日平均含沙量计算表

日	时:分	流量 q_i /(m³/s)	含沙量 c_{si} /(kg/m³)	输沙率 Q_{si} /(kg/s)	时段 Δt_i /h	$[q_i c_{si} + q_{i+1} c_{s(i+1)}]\Delta t_i$	$q_i c_{s(i+1)}$	$q_{i+1} c_{si}$	$[q_i c_{s(i+1)} + q_{i+1} c_{si}]\Delta t_i$	$(q_i + q_{i+1})\Delta t_i$
2	0:00	2.33	18.3	42.6	8	595	37.7	35.9	589	34.3
	8:00	1.96	16.2	31.8	10	966	84.7	24.3	1090	34.6
	18:00	1.50	43.2	64.8	2	46278	498	3002	7000	142
	20:00	69.5	332	23074	1	45874	33082	15903	48985	117
	21:00	47.9	476	22800	0.7	27990	22369	17517	27920	59.3
	21:40	36.8	467	17186	0.3	14809	17038	32456	14848	31.9
	22:00	69.5	463	32179	1	107478	34889	69450	104339	220
	23:00	150	502	75300	1	103185	29250	71786	101036	293
	24:00	143	195	27885						

$$\frac{1}{72}\Sigma(q_i c_{si} + q_{i+1} c_{s(i+1)})\Delta t_i = 4822, \frac{1}{144}\Sigma(q_i c_{s(i+1)} + q_{i+1} c_{si})\Delta t_i = 2124$$

$$Q_s = 4822 + 2124 = 6950\text{kg/s}$$

$$Q = \frac{1}{48}\Sigma(q_i + q_{i+1})\Delta t_i = 19.4\text{m}^3/\text{s}$$

$$C_s = Q_s / Q = 358\text{kg/m}^3$$

采用流量加权法时，日平均含沙量 C_{sdm} 计算公式为

$$C_{sdm} = \frac{Q_{sdm}}{Q_{dm}} \tag{4.5}$$

以上计算方法为顺流时的日平均输沙率及日平均含沙量计算。若有逆流、停滞现象时计算方法有所不同：当全日为逆流时，其计算方法与顺流相同，但所求日平均输沙率为负值。若一日内兼有顺流、逆流时，日平均输沙率计算方法与顺流相同，为其代数和，如逆流输沙率大于顺流，则所求日平均输沙率数值为负值。日平均含沙量则用顺流、逆流输沙量绝对值总和除以顺流、逆流径流量绝对值的总和得之。全日水流停滞时，日平均输沙率为零，日平均含沙量用面积包围法计算。如果一日内有部分时间水流停滞时，其计算方法与顺流相同。

在使用流量与输沙率关系曲线法，当关系线为曲线时，用瞬时流量推求瞬时输沙率，

然后用面积包围法计算日平均输沙率；当关系曲线为一条直线或曲率很小时，可用日平均流量推求日平均输沙率。日平均含沙量用日平均输沙率除以日平均流量即得。表 4.5 为某测站逐日平均含沙量表。

表 4.5 ××站逐日平均含沙量表

年份： 测站编码： 单位：kg/m³

日期＼月份	1	2	3	4	5	6	7	8	9	10	11	12
1			0.010	0.375	0.050	0.164	0.128	0.083	0.106	0.067		
2			0.011	0.336	0.057	0.155	0.133	0.066	0.117	0.062		
3			0.011	0.283	0.065	0.147	0.135	0.063	0.636	0.059		
4			0.012	0.234	0.074	0.139	0.137	0.060	7.03	0.055		
5			0.012	0.182	0.082	0.130	0.139	0.057	2.40	0.052		
6			0.013	0.139	0.091	0.119	0.141	0.053	5.38	0.049		
7			0.014	0.129	0.099	0.104	0.145	0.050	4.05	0.046		
8			0.015	0.121	0.107	1.24	0.150	0.047	1.21	0.043		
9			0.016	0.114	0.116	0.848	0.818	0.044	1.49	0.036		
10			0.017	0.106	0.124	0.296	1.38	0.041	1.03	0.710		
11			0.023	0.102	0.132	0.168	0.544	0.040	0.724	1.63		
12			0.051	0.105	0.133	0.151	0.233	0.046	0.590	0.838		
13			0.078	0.110	0.134	0.138	0.177	0.053	0.471	0.471		
14			0.105	0.113	0.134	0.124	0.151	0.061	0.352	0.305		
15			0.132	0.119	0.135	0.111	0.121	0.067	0.233	0.209		
16			0.149	0.122	0.168	0.100	0.133	0.072	0.141	0.128		
17			0.148	0.125	0.284	0.094	7.42	0.067	0.130	0.117		
18			0.144	0.128	0.449	0.089	6.13	0.061	0.125	0.114		
19			0.140	0.131	0.456	0.085	3.31	0.056	0.120	0.108		
20			0.137	0.788	0.271	0.080	2.02	0.050	0.116	0.105		
21			0.134	6.26	0.166	0.076	1.06	0.664	0.112	0.100		
22			0.134	3.71	0.168	0.074	0.775	0.291	0.113	0.096		
23			0.135	0.757	0.179	0.072	0.542	1.55	0.114	0.092		
24			0.135	0.168	0.190	0.070	4.77	2.81	0.115	0.087		
25			0.136	0.120	0.202	0.069	4.73	1.95	0.116	0.082		
26			0.135	0.099	0.237	0.064	1.28	0.420	0.116	0.079		
27			0.130	0.086	1.08	0.054	0.567	0.271	0.112	0.082		
28			0.126	0.075	0.640	0.052	0.486	0.145	0.107	0.083		
29			0.122	0.064	0.252	0.058	0.443	0.128	0.103	0.084		
30			0.117	0.054	0.213	0.076	0.399	0.121	0.092	0.086		

续表

日期 \ 月份		1	2	3	4	5	6	7	8	9	10	11	12
31				0.205		0.187		0.300	0.113				
月统计	平均			0.121	2.91	0.320	0.479	2.79	1.45	2.19	0.251		
	最大			0.301	7.71	2.04	1.60	9.79	3.72	9.36	2.18		
	日期			31	21	27	8	17	24	4	11		
	最小			0.010	0.051	0.048	0.049	0.098	0.038	0.077	0.034		
	日期			1	30	1	27	16	11	30	10		
年统计		平均流量：7.28m³/s				平均输沙率：13.4kg/s				平均含沙量：1.84			
		最大断面平均含沙量：9.79			7月17日			最小断面平均含沙量：(0.010)				3月1日	

注　1. 表内空白之日，含沙量按规定停测。

2. 在距岸边35m处，采用固定垂线0.6一点法取样。

3. 断面平均含沙量用单断沙关系曲线法推求，单断沙关系曲线为45°线。

4.3.4　输沙率及含沙量月平均值及特征值计算

1. 月平均输沙率计算

月平均输沙率等于月内各日日平均值的总数除以该月的日数。月最大日平均输沙率及日期为从该月逐日平均值中挑选最大值及相应日期。

2. 月平均含沙量计算

月平均含沙量一般等于以月平均输沙率除以月平均流量。但当月内兼有顺、逆流时，可比照日平均含沙量的计算方法统计；全月水流停滞时，以月内各日日平均值的总数除以该月的日数求得月平均含沙量；若全月内有部分时间水流停滞时，月平均含沙量等于月平均输沙率除以月平均流量求得。月最大、最小含沙量及日期为从月内有资料期间含沙量过程线上挑选最大、最小值及相应日期。

4.3.5　输沙率及含沙量年平均值及特征值计算

1. 年平均输沙率计算

年平均输沙率等于年内各日日平均值的总数除以年的日数。年最大日平均输沙率及日期：在全年逐日平均值输沙率值中挑选最大值及相应日期，见表4.6。

表4.6　××站逐日平均悬移质输沙率表

年份：　　　测站编码：　　　输沙率，单位：kg/s　　　集水面积，单位：km²

日期 \ 月份	1	2	3	4	5	6	7	8	9	10	11	12
1			0.007	8.70	0.382	1.09	0.157	0.527	0.752	0.302		
2			0.009	5.24	0.305	0.896	0.164	0.382	1.02	0.108		
3			0.012	3.37	0.245	0.708	0.170	0.332	5.46	0.060		

续表

日期＼月份	1	2	3	4	5	6	7	8	9	10	11	12
4			0.015	2.19	0.222	0.592	0.178	0.256	123	0.041		
5			0.017	1.14	0.211	0.440	0.179	0.159	28.6	0.031		
6			0.018	0.678	0.232	0.403	0.181	0.137	348	0.023		
7			0.020	0.447	0.254	0.399	0.183	0.132	454	0.016		
8			0.023	0.337	0.280	46.5	0.278	0.138	55.0	0.012		
9			0.024	0.302	0.283	33.4	14.4	0.126	115	0.015		
10			0.022	0.282	0.286	6.42	89.5	0.115	61.5	0.802		
11			0.024	0.270	0.282	2.64	8.32	0.101	17.8	3.44		
12			0.050	0.332	0.287	1.68	1.69	0.105	9.26	1.45		
13			0.132	0.404	0.324	1.06	0.998	0.124	4.66	0.815		
14			0.330	0.396	0.370	0.671	0.619	0.245	2.69	0.515		
15			0.930	0.395	0.376	0.534	0.414	0.422	1.64	0.309		
16			1.26	0.421	0.557	0.403	0.654	0.267	0.946	0.154		
17			1.10	0.469	1.55	0.313	236	0.176	0.807	0.136		
18			0.788	0.502	6.55	0.283	174	0.152	0.720	0.123		
19			0.597	0.583	5.34	0.240	50.6	0.145	0.624	0.117		
20			0.458	14.5	2.82	0.198	24.6	0.138	0.549	0.113		
21			0.477	1070	1.34	0.187	10.6	22.9	0.553	0.108		
22			0.491	274	0.885	0.177	5.07	12.0	0.726	0.104		
23			0.357	18.7	0.566	0.162	3.21	106	0.813	0.101		
24			0.286	2.79	0.594	0.155	245	491	0.922	0.104		
25			0.265	1.55	0.569	0.148	329	126	0.977	0.105		
26			0.219	1.32	0.736	0.089	45.4	13.9	0.758	0.098		
27			0.116	0.957	10.8	0.066	11.0	4.79	0.588	0.089		
28			0.121	0.827	13.0	0.066	5.59	1.87	0.531	0.090		
29			0.179	0.674	3.12	0.075	3.71	1.12	0.500	0.091		
30			0.294	0.508	1.45	0.097	2.73	0.847	0.443	0.096		
31			1.57		1.13		1.67	0.804				
月统计 平均			0.329	47.1	1.79	3.34	40.8	25.3	41.3	0.314		
月统计 最大			1.57	1070	13.0	46.5	329	491	454	3.44		
月统计 日期			31	21	28	8	25	24	7	11		
年统计	最大日平均输沙率：1070					4月21日		平均输沙率：13.4				
	输沙量：42.1万t							输沙模数：736t/km²				
备注												

2. 年输沙量计算

年输沙量等于年内各日日平均输沙率总数乘以一日秒数（86400s），单位为 t、万 t、亿 t。

3. 年输沙模数计算

年输沙模数等于年输沙量除以测站集水面积，单位为 t/km^2。年输沙量以实测值参加计算，因水库调节、渠道引水等原因，对年输沙量影响较大的，在附注栏注明。资料不全的站，不作此项统计。

4. 年平均含沙量计算

年平均含沙量等于年平均输沙率除以年平均流量。若年内有顺流、逆流、停滞时，可比照月平均含沙量的计算方法统计。年最大、最小平均含沙量及日期为从年内有资料期间含沙量过程线上挑选最大、最小值及相应日期。

4.4 推移质输沙率资料整编

通过对推移质输沙率资料的分析，确定推求逐日平均推移质输沙率的方法，由于一年内实测推移质输沙率的测次较少，可以积累数年实测资料后，集中合并整编。

4.4.1 推移质输沙率与水力因素相关法

在断面推移质输沙率与某水力因素（如流速、流量、水位、悬移质输沙率）有一定关系的测站，可采用此法。流速是影响断面推移质输沙率的主要因素。

1. 推移质输沙率与单一水力因素关系法

由于推移质输沙率主要与流速的高次方成正比，因此，通常选择流速或流量作相关因素。在双对数纸上点绘断面平均流速或流量与推移质输沙率 Q_b 的关系图，如图 4.6 和图 4.7 所示，如点子密集成带状，可通过点群中心定出其相关直线或折线，则相关线方程形式为

$$Q_b = a_1\,\overline{v}^{b_1} \text{ 或 } Q_b = a_2 Q^{b_2} \tag{4.6}$$

式中 a_1、a_2——系数，即$\overline{v}$或 Q 等于 1 时对应的 Q_b 值；

b_1、b_2——指数，即对数相关直线斜率的倒数。

利用 Q_b-Q 或 $Q_b-\overline{v}$关系，即可由逐时或逐日流量或流速资料推求逐时或逐日推移质输沙率。

2. 推移质输沙率与综合水力因素关系法

当推移质输沙率与单一水力因素的关系不能满足定线要求，且具有多项相关因素的完整资料时，可以考虑建立推移质输沙率与多个相关因子或综合因子的相关关系。

与推移质输沙率有较密切关系的因素，如流速、水深、比降及推移质特征粒径等，均可作为回归因子，也可将几个因素的组合作为综合因子，用多元回归分析法，建立推移质输沙率的多元回归方程为

$$\lg Q_b = \sum_{i=1}^{n} b_i \lg x_i + \lg A \text{ 或 } Q_b = A\sum_{i=1}^{n} x_i^{b_i} \tag{4.7}$$

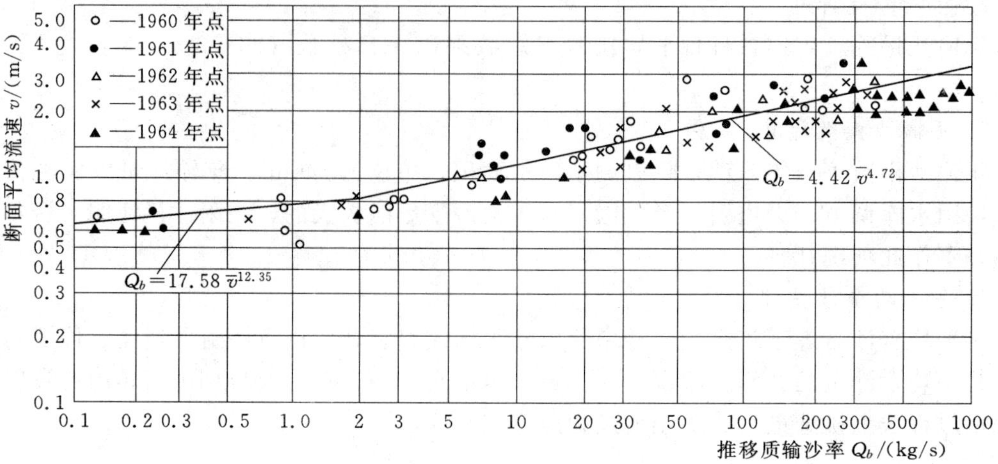

图 4.6 推移质输沙率与断面平均流速关系图

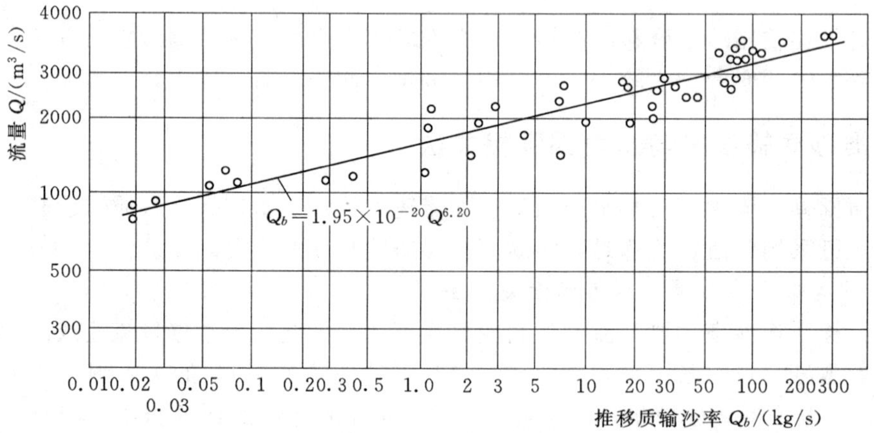

图 4.7 推移质输沙率与流量关系图

式中 x_i——第 i 个回归因子；

b_i——第 i 个因子的回归系数或指数；

n——回归因子的个数；

$\lg A$——多元回归方程式截距。

采用多元回归分析法时，选择因子不宜过多，以关系密切、满足定线要求，且测验或推算工作量不致过大为原则。根据已确定的多元回归方程式，即可由各相关因素的资料推求。

4.4.2 单断推关系法

在由少数（1～3条）代表垂线测得的单样推移质输沙率 q_b 与断面推移质输沙率 Q_b 的关系比较稳定的测站，可建立"单推"与"断推"的关系曲线，由实测单推资料推求 Q_b。

在断面和主推带比较稳定、单断推关系良好的情况下，单断推关系法相比实测断推过程线法，可大量减少断推测次以节省工作量。

4.4.3　推移质输沙率与悬移质输沙率比值过程线法

当推移质输沙率不能与其他水力因素建立相关关系，但测点较多时，也可用实测推移质输沙率与实测的悬移质输沙率的比值，绘制过程线。在连此过程线时，应参照悬移质输沙率过程线的趋势；推沙时，在过程线上查读比值，乘以同时的悬移质输沙率，即得推移质输沙率。

4.4.4　实测推移质输沙率过程线法

在推移质输沙率和其他水力因素关系不好，但实测推移质输沙率测次较多的测站，可参照逐日平均流量、逐日平均悬移质输沙率及水位过程线变化，连绘实测推移质输沙率过程线。利用过程线直接查读逐日平均推移质输沙率。

4.5　泥沙颗粒级配资料整编

悬移质、推移质和河床质 3 种实测颗粒级配资料均须进行整编，推算出日、月、年断面平均颗粒级配资料，以便于应用。因计算整编方法基本类似，下面主要介绍悬移质的颗粒级配资料整编方法。

4.5.1　断面平均颗粒级配的推求方法

1. 单颗断颗关系法

（1）适用条件。单断颗关系比较稳定的测站，关系点对平均关系无系统偏离，定线精度的随机不确定度及系统误差分别控制在 18%、±5%范围内，可采用单颗断颗关系曲线法，将单颗级配换算为断颗级配。

（2）关系曲线绘制。绘制单断颗关系曲线，以实测单颗小于某粒径沙量或体积百分数为纵坐标，相应的实测断颗小于某粒径沙量或体积百分数为横坐标，用同一比例尺在普通坐标纸上点绘。绘图比例尺以能准确读出 0.5%的小于某粒径沙量或体积百分数。绘制的关系曲线下端均应通过纵横坐标的零点，上端是否通过纵横坐标的 100%的一点，应根据关系点分布情况而定。

（3）定线方法。当单断颗关系稳定，关系点密集成一带状，且无系统偏离，可将单断颗关系定为单一线。当单断颗关系点分布，随时间或水位分布为两个以上的点带组时，可用时间或水位作参数，按单一线的定线要求分别定线，如图 4.8 所示。

（4）关系曲线检验。一条关系曲线的测次在 7 次以上时，按照要求用符号检验、适线检验和偏离检验进行曲线检验。采用历年综合单断颗关系曲线的测站，本年度为校测，测次数在 5 次以上时，按照要求进行 t 检验。

（5）推求方法。在推求断颗时，当关系曲线上端点单颗、断颗坐标为 100%时，以单颗各粒径级百分数直接在关系曲线上查得相应的断颗粒径百分数；当单颗比断颗系统偏细

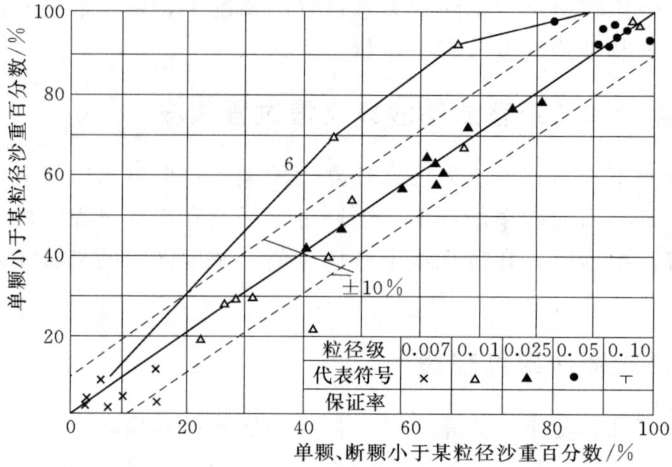

图 4.8　单颗、断颗小于某粒径沙量百分数关系

时，即关系曲线上端点单颗坐标为100%，断颗坐标小于100%时，先以单颗为100%粒径级在关系曲线上推求出相应粒径断颗的百分数，然后按规定的粒径级向上再增加一个粒径级，即为断颗100%的粒径级；当单颗比断颗系统偏粗时，即关系曲线上端点单颗坐标小于100%，断颗坐标为100%时，推求断颗只需使用断颗为100%以下的单颗部分，以上部分不再使用。

2. 断颗过程线法

对于实测断颗测次能够控制断颗变化过程的测站，可采用实测断颗过程线法推求悬移质的断面平均颗粒级配。

3. 单颗过程线法（近似法）

当单断颗关系点很散乱而不能定出关系线，或者只测单颗的测站或时期，可直接以实测单颗近似作为断颗，并用单颗过程线法，推求日、月、年平均颗粒级配。

4.5.2　悬移质日、月、年平均颗粒级配和平均粒径计算

1. 日平均颗粒级配的计算

（1）采用整编程序进行资料整编时，应计算日平均颗粒级配，按照整汇编要求确定是否输出成果表；不使用整编程序进行资料整编时，可不计算日平均颗粒级配。

（2）一日内实测一次单颗或断颗的，以单颗关系法换算的断颗或实测断颗作为该日平均断颗。

（3）一日内实测多次实测颗粒级配资料的，采用输沙量加权法计算日平均颗粒级配。

（4）未实测颗粒级配之日，其日平均值不作插补。

2. 月平均颗粒级配的计算

（1）采用整编程序进行资料整编时，用日平均值计算月平均颗粒级配；不使用整编程序整编的资料时，可用实测断颗或经换算的断颗、单颗资料计算月平均颗粒级配。

（2）一月仅有一日日平均或一次实测（换算）颗粒级配资料时，即以该日日平均值或该次值作为该月平均颗粒级配。

(3) 一月有两日以上日平均或两次以上实测(换算)颗粒级配资料的,采用输沙量加权法计算该月平均颗粒级配,其计算公式为

$$P_{mm}=\frac{\sum_{1}^{n}P_iW_{si}}{\sum_{1}^{n}W_{si}} \tag{4.8}$$

式中 P_{mm}——月平均小于某粒径的沙量百分数,%;

P_i——月内各日(次)断面平均小于某粒径的沙量百分数,%;

W_{si}——各日(次)代表时段的平均输沙率,kg;

i——粒径级系列序号。

(4) 未实测颗粒级配资料的月,其月平均值不作插补。

3. 年平均颗粒级配的计算

年平均悬移质颗粒级配采用月输沙量加权计算。如个别月份缺测颗粒级配,且缺测月份的输沙量占年输沙量的20%以上时,不计算年平均颗粒级配。

4. 颗粒级配中数粒径的计算

悬移质颗粒级配中数粒径在绘制的相应测次或时段平均悬移质颗粒级配曲线上,分别查读小于某粒径沙量或体积百分数为50%所对应的粒径,即为相应中数粒径。

5. 平均粒径的计算

悬移质颗粒级配平均粒径,根据相应测次或时段平均悬移质颗粒级配绘制相应级配曲线,按照式(4.9)~式(4.11)用沙量或体积百分数加权计算。平均粒径计算的组距,应符合《河流泥沙颗粒分析规程》(SL 42—2010)的规定要求。各组距的上、下限粒径(D_{Ui}、D_{Li})系列,在级配曲线上查读对应的各组级配系列数值。

$$\overline{D}=\frac{\sum\Delta P_iD_i}{100} \tag{4.9}$$

其中

$$D_i=\sqrt{D_{Ui}D_{Li}} \tag{4.10}$$

$$\Delta P_i=P_{Ui}-P_{Li} \tag{4.11}$$

式中 $\overline{D}$——月、年平均粒径,mm;

ΔP_i——组级配差系列数值,%

D_i——组平均粒径系列,mm;

D_{Ui}——组距上限粒径系列,mm;若断颗测次、月、年的粒径最大值能确定,最上距级的上限点 D_{Ui} 可取该确定值;

D_{Li}——组距下限粒径系列,mm;

P_{Ui}——相应于 D_{Ui} 的组级配系列数值,%;

P_{Li}——相应于 D_{Li} 的组级配系列数值,%;

i——粒径级系列序号。

下限组即第1组的平均粒径 D_1 取级配曲线可查读最小粒径的1/2,相应第1组的级配差 ΔP_1 取该查读最小粒径的级配 P_1(即 P_1-0)。

6. 平均沉速的计算

悬移质颗粒级配平均沉速根据相应测次平均悬移质颗粒级配绘制相应级配曲线,按照

式（4.12）～式（4.14）用沙量或体积百分数加权计算。计算的组距和各组距的上、下限粒径系列与平均粒径的计算相同。

$$\overline{\omega}=\frac{\sum \Delta P_i\omega_i}{100} \tag{4.12}$$

其中

$$\omega_i=\sqrt{\omega_{Ui}\omega_{Li}} \tag{4.13}$$

$$\Delta P_i=P_{Ui}-P_{Li} \tag{4.14}$$

式中　$\overline{\omega}$——平均沉速，cm/s；

ω_i——组平均沉速系列，cm/s；

ω_{Ui}——组上限粒径沉速系列，cm/s；

ω_{Li}——组下限粒径沉速系列，cm/s；

其他符号同上。

4.6　资料合理性检查

4.6.1　悬移质输沙率的合理性检查

4.6.1.1　单站合理性检查

悬移质输沙率、含沙量资料的单站合理性检查，除检查资料整编方法是否正确合理之外，还要从历年关系曲线对照检查和检查含沙量过程线。

1. 历年关系曲线对照检查

当水文站测取单沙的位置，方法没有大的变动，且推求断沙的方法与往年相同，应与历年推求断沙的关系曲线、比例系数过程线或流量与输沙率关系曲线比较，以检查其合理性。在检查时，应考虑到流域自然特性和本站水沙特性的改变，可能对各种关系产生的影响。

（1）历年单断沙关系曲线的对照。利用历年关系曲线图，比较各年曲线的趋势和期间的相对关系。历年关系曲线的趋势应大致相近且变动范围不大，如果趋势的变动范围较大，则应分析其原因。

（2）历年比例系数过程线对照。从往年系数变化过程与流量变化过程找出规律，再据以检查本年比例系数过程线的变化情况。

（3）历年流量与输沙率关系曲线对照。先从历年的变化幅度、曲线形状找出规律，再据以检查本年的资料。

在进行历年对照时，应考虑到流域自然特性，如水土保持、垦荒、河段冲淤变化、塘坝的溃决等。另外，本站水沙特性的改变，都有可能对上述各种关系产生影响。

2. 含沙量变化过程的检查

（1）将水位、流量、含沙量、输沙率过程线绘在同一张图上进行对照检查。

（2）含沙量的变化与流量（水位）的变化常有一定的关系，可根据历年水位、流量、含沙量变化的规律，检查本年资料的合理性。如有反常现象，即应检查原因，包括洪水来源、暴雨特性、季节性等因素的影响及流域下垫面发生改变等。

4.6.1.2 综合合理性检查

1. 上下游含沙量及输沙率过程线对照

在没有支流汇入或支流来沙量较小时，上下游站的含沙量过程线之间常有一定的关系。利用这种特性来检查其含沙量过程线形状、峰谷、传播时间、沙峰历时等的合理性，如图4.9所示。

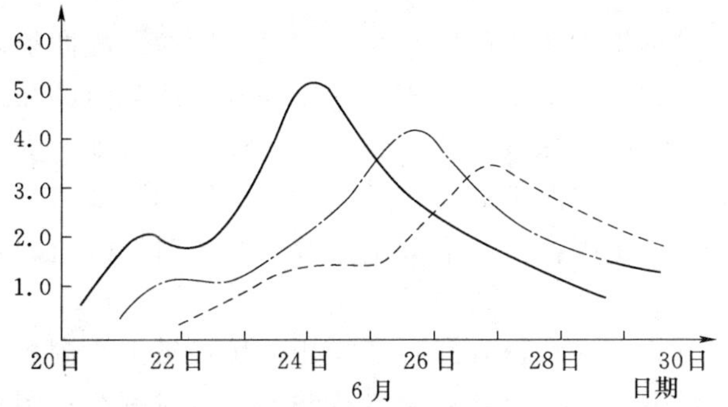

图4.9 无支流汇入时某河流上、中、下3个站含沙量过程线

在支流汇入影响较大，或区间经常发生冲淤变化的河段，应考虑可能对上下游站含沙量关系的影响，如图4.10所示。从图4.10中可以看出，上下游站的含沙量变化过程不相应，例如7月12—16日甲站含沙量很小，但乙站却有较大的沙峰出现，查其原因，是由于支流来沙量很大所引起的。

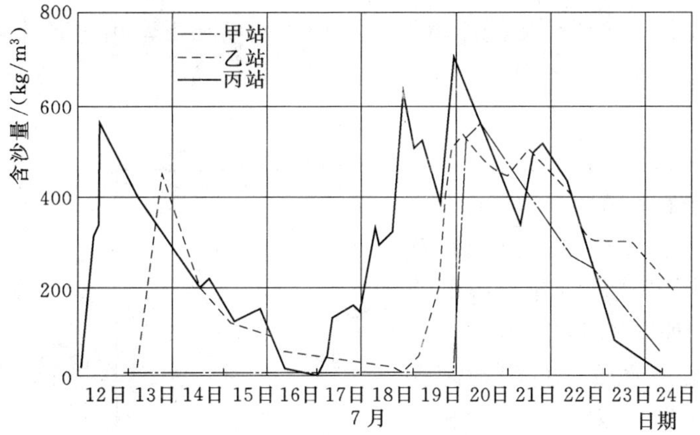

图4.10 有支流汇入时某河流甲乙丙3站含沙量过程线

上下游站输沙率变化过程的关系，一方面表现上下游站含沙量的关系，另一方面表现上下游站流量的关系。通常输沙率是从上游向下游逐渐增加，若中间有湖泊、水库，或河道有严重淤积时，下游站的输沙率则可能比上游站小。

2. 上下游各站月年平均输沙率对照

上下游各站月年平均输沙率对照，有跨月沙峰时，可用两个月平均输沙率之和检查沿河长输沙率变化的合理性。受区间支流来沙影响的区段，应将上游站与支流站输沙率之和列入与下游站比较。同时，还应考虑区间冲淤影响的因素。

4.6.2 推移质输沙率的合理性检查

用历年关系线对照、推移质输沙率和相关水力因素过程线对照的方法进行，再作上游、下游站综合合理性检查。整编方法应符合测站的推移质输沙特性，各种水力因素型方法的指数控制在合理的变化范围之内。

4.6.3 泥沙颗粒级配的合理性检查

1. 单站合理性检查

(1) 历年悬移质颗粒级配曲线对照。以本年和历年的年平均或同月的颗粒级配曲线进行对照，一般是曲线形状大致相似，且密集成一狭窄带状分布。如发现本年或某月的曲线形状特殊，或某时期前后曲线偏离成另一系统，应深入分析，找出变化原因。例如，受自然因素变化影响，如特大洪水、特别枯水、洪水来源不同等；受人类活动影响，如流域内垦荒、水土保持、水利工程施工、河道疏浚、水库拦洪、灌溉引水等，受各时期测验、颗粒分析、水样处理的方法不同的影响等。

(2) 悬移质颗粒级配随时间变化与流量、含沙量过程线对照。用年历格纸上绘制各有关因素综合过程线。在图的上部分绘出逐日平均流量、含沙量（或输沙率）过程线；图的下部分绘出各次实测断颗各粒径的小于某粒径沙量百分数过程线。分析各种过程线之间的相应关系和变化规律，借以发现资料有无问题。

一般情况下，各粒径百分数随时间变化是渐变的。在某些多沙河流上，往往是洪水期粗颗粒泥沙比重减少，细颗粒泥沙比重增加，枯水期则相反。由于各流域自然地理、气候情况不同，这一规律不一定各河流都相同，应根据历年资料找出本站泥沙级配变化规律，进行检查。

2. 综合合理性检查

(1) 悬移质颗粒级配资料的上下游对照。一般用小于某粒径沙量百分数沿河长的演变图，来分析泥沙颗粒级配沿程分布的合理性，如图4.11所示。

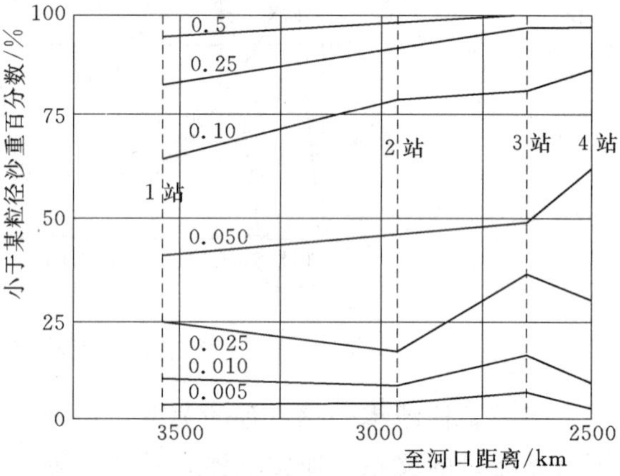

图4.11 小于某粒径沙量百分数沿河长的演变图

当流域内土壤、地质等自然地理条件基本相同，区间河段又无严重冲淤变化时，一般是悬移质颗粒沿程而下较细泥沙相对增多，粗沙相对减少。如果河流流经不同的土壤地质带或河段有严重冲淤变化、大支流入汇或局部地区暴雨影响等，则可能出现反常变化。

(2) 推移质、河床质颗粒级配资料的上下游对照。参照悬移质方法或另定其他适当的方法进行检查。

本 章 小 结

由于泥沙实测资料是零星的、不连续的原始数据，因此需要进行泥沙资料的整编，得到系统、完整、可靠的泥沙资料，反映出河道泥沙资料要素的完整变化过程和变化规律，满足国民经济有关部门的使用要求。

泥沙资料整编的工作内容包括悬移质输沙率资料整编、推移质输沙率资料整编和泥沙颗粒级配资料整编。

通过对实测泥沙资料进行校核分析，对悬移质单样含沙量进行缺测插补。在此基础上对泥沙资料进行整编，以得到各种关系曲线、成果表等，并对整编成果进行合理性分析。

悬移质输沙率资料整编的主要内容有：确定推求断沙的方法、单断沙关系曲线延长、日平均含沙量和输沙率计算、输沙率和含沙量月亮平均值几特征值的计算与统计等；推移质输沙率资料整编的主要内容有：确定推求推移质输沙率的方法、推算逐日推移质输沙率等；泥沙颗粒级配资料整编的主要内容有：确定断面平均颗粒级配的推求方法、计算悬移质日、月、年平均颗粒级配和平均粒径等。

思 考 与 练 习

4.1 单样含沙量的插补方法有哪些?

4.2 单断沙比例系数过程线法及流量与输沙率关系曲线法的适用条件有哪些?

4.3 悬移质日平均输沙率、日平均含沙量的推算方法有哪些?

4.4 推移质输沙率资料整编的方法有哪些?

4.5 悬移质泥沙颗粒级配的推求方法有哪些?

4.6 怎样进行悬移质输沙率的合理性检查?

4.7 如何计算悬移质垂线平均颗粒级配、断面平均颗粒级配及断面平均粒径?

4.8 根据某水文站 2011 年 2 月 24 日至 3 月 14 日的逐时水位、单沙及实测流量资料，见表 1，定线、推流，并计算 2 月 28 日日平均流量、日平均含沙量和日平均输沙率。

（1）资料：

1）某站 2011 年 2 月 24 日至 3 月 14 日逐时水位、实测流量、单样含沙量成果资料列入表 1。

2）本站采用单断沙关系曲线法推求断面平均含沙量，C_s 断＝0.95C_s 单。

（2）要求：

1）用适宜的比例尺在方格纸上，根据水位过程，用连时序法正确绘制水位流量关系曲线。

2）计算：

①根据所定的水位流量关系曲线和提供资料推算 2 月 28 日流量过程。

②用面积包围法计算 2 月 28 日日平均流量。

③用流量加权法计算 2 月 28 日日平均输沙率。

④用②、③的结果计算 2 月 28 日日平均含沙量（推流、计算见表 2）。

表1 **实测水位、流量和单样含沙量表**

时间			水位 /m	实测流量 /(m³/s)	单沙 /(kg/m³)
月	日	时：分			
2	24	8：00	28.70		0.009
		9：20	28.72	1250	
		14：00	28.78		
		20：00	28.95		
	25	2：00	29.15		
		8：00	29.32		0.014
		9：30	29.35	1680	
		14：00	29.48		
		18：00	29.70		
		22：00	29.94		
	26	2：00	30.19		
		6：00	30.41		
		8：00	30.53		0.053
		8：55	30.59	2790	
		12：00	30.73		
		16：00	30.91		
		20：00	31.16		
	27	0：00	31.35		
		4：00	31.41		
		8：00	31.46		
		9：00	31.47	3670	
		14：00	31.52		0.062
		20：00	31.67		
	28	3：00	32.00	4550	
		8：00	32.42		0.072
		10：00	32.56	4990	
		12：00	32.67		0.083
		18：00	33.00	5710	
		20：00	33.08		
3	1	0：00	33.24		0.116
		4：00	33.35		
		8：00	33.45		0.122
		11：00	33.56		
		16：30	33.63		0.117
		16：39	33.60	6090	
		20：00	33.40		
	2	0：00	33.29		
		8：00	33.23		0.080
		11：00	33.20		
		14：00	33.09		
3	2	15：57	33.01	5030	
		20：00	32.88		
	3	2：00	32.70		
		8：00	32.63		
		10：00	32.61		0.065
		14：00	32.42		
		16：07	32.30	3970	
	4	4：00	32.04		
		8：00	32.02		0.058
		10：00	32.00		
		14：00	32.04		
	5	0：00	32.20	4200	
		8：00	32.40		0.045
		14：00	32.60	4810	
	6	2：00	32.84		
		8：00	33.00		0.030
		14：00	33.10		
		20：00	33.16		
	7	0：00	33.20	5150	
		8：00	33.14		0.025
		14：00	33.10		
		20：00	32.94		
	8	2：00	32.80	4400	
		8：00	32.64		0.017
		20：00	32.08		
	9	8：00	31.72		
		20：00	31.40	3050	
	10	8：00	31.10		0.015
		20：00	30.78		
		22：00	30.72	2530	
	11	8：00	30.42		0.016
		20：00	30.08		
	12	4：00	29.86		
		8：00	29.80		
		20：00	29.56		
	13	8：00	29.40		0.017
		20：00	29.24		
	14	8：00	29.10		
		14：00	29.04	1440	
		20：00	28.98		

表 2　　　　2 月 28 日流量过程及日平均流量、输沙率、含沙量计算表

月	日	时：分	水位/m	瞬时流量/(m^3/s)	权数	积数	总数	日平均流量/(m^3/s)	单沙/(kg/m^3)	断沙/(kg/m^3)	输沙率/(kg/s)	权数	积数	总数	日平均输沙率/(kg/s)	日平均含沙量/(kg/m^3)

4.9　根据某站 2012 年 7 月 8—13 日的逐时水位、单沙实测资料表，见表 3，实测流量过程，见表 4，用合理的比例尺，在方格纸上绘制逐时水位变化过程线，参照水位过程变化定出水位流量关系线，并根据所定的水位流量关系曲线，以及该站 7 月上旬的逐时水位、单沙实测资料，见表 3，分别计算以下各项成果：

（1）7 月 11 日各时（各时间见表 3）的流量。

（2）用面积包围法推求 7 月 11 日的日平均水位、日平均流量。

（3）用流量加权法（积分法）推求 7 月 11 日的日平均输沙率。

（4）推求 7 月 11 日的日平均含沙量（计算过程使用表 5）。

该站全年采用单断沙关系曲线推求断面平均含沙量，$C_{S断}=1.05C_{S单}$。

表 3　　　　逐时水位、单沙实测资料表

月	日	时：分	水位/m	单沙/(kg/m^3)	月	日	时：分	水位/m	单沙/(kg/m^3)
7	8	0：00	15.14		7	11	4：00	19.74	3.22
		8：00	15.64				8：00	19.51	
		14：00	16.15				12：00	18.52	2.74
		20：00	16.78				17：00	17.90	
	9	10：00	17.72	3.27			20：00	17.56	
		22：00	18.51			12	6：00	16.70	4.05
	10	2：00	18.98				20：00	15.88	
		10：00	19.52	3.78		13	8：00	15.38	
		18：00	19.81	4.12			20：00	15.06	

表 4　　实 测 流 量 表

施测号数	施测时间						水位 /m	流量 /(m³/s)
	月	日	起		讫			
			时	分	时	分		
30	7	8	11	0	12	0	15.88	290
31			17	0	18	0	16.52	346
32		9	0	0	1	0	17.10	410
33			6	30	7	30	17.70	494
34		10	1	0	2	0	18.88	592
35			8	30	9	30	19.48	606
36			17	30	19	0	19.78	560
37		11	2	30	3	30	19.70	526
38			8	0	9	0	18.70	426
39			13	0	14	0	18.20	378
40		12	1	30	2	40	16.90	324
41			9	30	10	50	16.44	304
42		13	8	30	9	40	15.30	266

表 5　　××站流量加权法（积分法）日平均输沙率和日平均含沙量计算表

月	日	时	水位 /m	瞬时流量 q_i /(m³/s)	单沙 c_{su} /(kg/m³)	断沙 c_{si} /(kg/m³)	输沙率 $q_i c_{si}$ /(kg/s)	时段 Δt_i /h	$[q_i c_{si}+q_{i+1}c_{s(i+1)}]\times\Delta t_i$	$q_i c_{s(i+1)}$	$q_{i+1}c_{si}$	$[q_i c_{s(i+1)}+q_{i+1}c_{si}]\Delta t_i$	$(q_i+q_{i+1})\times\Delta t_i$

$\frac{1}{72}\Sigma[(q_i c_{si}+q_{i+1}c_{s(i+1)})\Delta t_i]=$ 　　　　，$\frac{1}{144}\Sigma[(q_i c_{s(i+1)}+q_{i+1}c_{si})\Delta t_i]=$

$Q_s=$

$Q=\frac{1}{48}\Sigma(q_i+q_{i+1})\Delta t_i=$

$C_s=Q_s/Q=$

第5章 降水量资料整编

5.1 概　　述

降水量资料是水文资料的重要组成部分，其用途极为广泛。降水量资料整编，是指雨量站从每日降水量原始观测资料到年度降水量整编成果的具体工作方法。如第1章所述，它亦包括整编、审查、复审3个工作阶段。其整编分为说明资料、基本资料和调查资料整编，说明资料整编为雨量站基本资料收集、考证、整理的概述与分析说明；基本资料整编包括雨量基本站网、实验站、专用站的各项资料；调查资料整编主要是暴雨调查资料的整编。

采用不同类型的观测仪器，所得到的降水量原始观测资料不一样，后续的资料整编方法及整编成果亦有差异。例如，采用人工雨量器观测降水量，由于人工观测段制的限制，只能得到相应段次时段降水量和“逐日降水量表”，无法获得较小时段的“降水量摘录表”，不能做“各时段最大降水量表（1）”，可以做“各时段最大降水量表（2）”，但只能按观测段制整理数据，精度较差。若采用自记雨量计，虽然各类仪器的资料整编方法有所不同，但最终整编成果是一致的，不仅有逐日降水量，还有各种时段的降水量。因此，测站有固态存储或遥测的自记雨量计记录资料时，应采用固态存储或数据接收中心原始数据库的降水量资料进行整编。

在有固态降水（降雪、降雹）地区、有固态降水时段，固态降水一般由人工雨量器测记，降雨由自记雨量计自动记录。因此，全年降水量的资料整编往往是采用两种降水量观测仪器的资料进行混合整编。例如，采用人工观测的时段降雪量资料取代翻斗式雨量计的同期记录资料，并删除翻斗式雨量计其中降雪融化所形成的记录数据部分。当然，在无固态降水地区、无固态降水年份或者采用融雪型自记雨量计的测站，则全部采用自记雨量计资料进行降水量资料整编。另据调查，目前我国北方部分地区在冬季已采用雨雪量计自记降雨、降雪量，其资料可以直接进行降水量资料整编。

5.1.1 工作内容

如前所述，从每日降水量原始观测资料到年度降水量整编成果需经过整编、审查、复审3个工作阶段，其工作内容及其侧重点是不同的。

1. 整编阶段

整编开始前，收集降水量站原始资料、考证资料、水文调查成果、历年整编有关情况以及测验工作中的有关降水量分析图表和文字说明；着重检查降水量观测、计算方法及实测成果的合理性；原始资料、考证资料、数据整理、成果图表等均应做齐三道工序后方可进行整编。

整编阶段主要工作内容如下：

（1）雨量站考证。按有关规范要求填写“雨量站考证簿”，其内容包括测站沿革、观测场地环境、平面图、观测仪器及观测员说明等。当降水量观测地点有迁移时，除了在考证中说明有关情况，还要在单站资料整编说明书中予以说明。

（2）对原始资料进行审核。审核的资料分为人工雨量器、自记雨量计的原始资料两大类，人工雨量器原始资料为“降水量观测记载簿”；自记雨量计的原始资料，包括翻斗式、称重式、轮盘斗式和虹吸式雨量计的原始资料，其中，翻斗式、称重式、轮盘斗式雨量计的原始资料为固态存储或数据接收中心原始数据，虹吸式雨量计的原始资料为虹吸式雨量计自记纸。

（3）确定整编方法。根据测站任务书和前面考证与原始资料审核情况，按照水文资料整编规范的规定，选择具体的整编方法。

（4）数据整理、输入及图表编制。数据整理的工作内容：①解决记录数据中缺失、失真部分的存在问题，进行降水量的插补与改正；②将降水量记录数据整理成降水量资料整编软件规定的数据格式。输入的工作内容就是应用降水量资料整编软件进行数据录入，并解决录入过程中可能发生的各种问题。图表编制的工作内容就是完成测站任务书规定内容，得到符合水文资料整编规范的图表成果。

（5）单站合理性检查。其工作内容：①对降水量成果表进行表面合理性检查；②进行长时段降水强度与短时段降水强度的比较分析；③将降水量摘录表、各时段最大降水量与逐日降水量进行对比分析；④看固态降水标注符号与季节的相关性；⑤将本站降水量特征值与历年极值的进行比较。

（6）编写单站资料整编说明，并进行单站资料质量评定。单站资料整编说明主要写本站的观测环境、观测情况、当年降水情况、资料整编情况、资料质量评定及遗留问题等。

2. 审查阶段

（1）抽查原始资料。抽查数量由整编单位确定。其与整编阶段的“对原始资料进行审核”的工作内容相似，但只是抽查某站一年中数个月的资料进行审核，如果发现该站资料存在问题，则增加抽查数量直至全年资料。

（2）对雨量站考证、数据整理表和数据文件及整编成果进行全面检查。其工作内容是审查资料的正确性，审查自记记录故障的处理、插补和改正的合理性。

（3）审查“单站合理性检查”的各项图表，工作重点是审查其内容和方法。

（4）与整编范围内的邻站进行综合合理性检查。其工作内容：①将本站与邻站的逐日降水量表进行对照检查，看相邻站的降水时间、降水量、降水过程及观测物符号的规律性；②相邻站月、年降水量及降水日数对照；③进行邻站的暴雨、汛期及年降水量等值线检查；④将邻站的降水量摘录表、各时段最大降水量表（1）、各时段最大降水量表（2）进行对比分析。

（5）进行资料质量评定。根据前面的工作步骤对审查资料进行资料质量评定。

（6）编制测站一览表及整编说明。本阶段整编说明主要写整编区域内的当年降水情况、雨量站站网情况、降水量观测情况、资料整编审查情况和资料质量评定等。

3. 复审阶段

(1) 抽取不少于10%的雨量站，对各站的考证、数据整理表、数据文件及成果表进行全面检查，其余只作主要项目检查。

(2) 对雨量站全部整编成果进行表面统一检查。

(3) 复查各站降水量的综合合理性检查图表，进行复审范围内的综合合理性检查。

(4) 评定各站降水量整编成果质量，并进行验收。

5.1.2 工作目标

1. 降水量资料整编的工作目标

(1) 说明资料有4种：降水量资料整编说明表、降水量站一览表、降水量站分布图、按照规范要求填写雨量站考证簿（一般是逢0逢5年份重新编制；当年雨量站发生变化时必须填写）。

(2) 基本资料有4种：逐日降水量表、降水量摘录表、各时段最大降水量表（1）、各时段最大降水量表（2）。

(3) 调查资料有2种：暴雨调查说明及成果表、暴雨量等值线图。

2. 降水量资料的质量要求

(1) 质量定性标准。项目完整，图表齐全；考证清楚，数据合理；资料可靠，方法正确；说明完备，规格统一；数字准确，符号无误。

(2) 成果数字质量标准。无系统错误；无特征值错误；其他数字错不超过1/10000。

5.2 数据整理与审核

在降水量资料整编之前要对观测记录进行数据整理与审核，检查观测、记载、缺测等情况。对于虹吸自记资料，除检查时间和降水量的虹吸订正外，还应检查仪器的故障处理情况；翻斗式自记资料应检查记录数值与仪器分辨力是否相符，记录时间日误差是否符合有关规范的规定。

1. 数据整理方法

当一个雨量站同时有自记记录和人工观测记录时，应使用自记记录进行资料整编。自记记录确有问题的部分，可用人工观测记录代替，但应附注说明。当自记记录无法整理时，可全部使用人工观测记录，同时期的降水量摘录表与逐日降水量表所依据的记录必须一致。

做各时段最大降水量表（1）的站，根据降水强度转折情况按5min选摘数据；做各时段最大降水量表（2）的站，自记记录按24段制摘取数据，人工观测记录根据观测段制整理数据。

2. 资料审核方法

(1) 对人工观测资料和自记观测资料进行同时段对比，看是否有不合理现象，尤其是发生固态降水时，看数据处理是否正确，融雪过程是否歪曲了实际降水过程。

(2) 将人员素质较高、历年来资料质量较好的站，或者同时进行蒸发量观测的站作为重要参证站，对邻近的其他站点数据进行质量检查，重点检查观测资料有无缺测和观测记载、计算方面的错误。

（3）对于虹吸自记雨量资料，除要检查时间和虹吸订正是否恰当外，还应着重检查发生故障的处理方法是否正确。

（4）将邻近站自记数据进行同步对比分析，可找出某些站的记录故障问题。例如：该站与邻站雨程明显不同，便要查找原因所在，本是无雨却记录有雨，很可能是雨量计承雨口因树叶、蛛网、昆虫、灰尘、藻类等引起堵塞，导致记录失真、失准。

（5）检查翻斗式自记资料，要对每个雨量数据进行检查，看是否是翻斗分辨力的整数倍。若非整数倍，便要检查传感器设置、存储器是否有问题。

（6）根据降水量传感器检测、检查记录对数据文件进行检查，看是否已经将检测、检查所产生的非降水量数据进行剔除。

（7）检查时段雨量与报汛记录差值是否在合理范围之内。

3. 整编控制信息检查

主要是检查摘录时段和非汛期雨量数据加摘是否符合有关规定，例如，复审单位规范性文件的要求、整汇编规范的规定、整汇编软件的要求等。

5.3　资料插补与改正

当降水量因故发生少数日期（时段）缺测或自记雨量观测设备有故障时，应尽量根据具体情况予以插补或修正，无法进行插补时，方可作缺测处理。

1. 降水量的插补方法

（1）插补缺测日的降水量，可根据地形、气候条件相近的邻近站降水量时程分布情况，采用邻站平均值法、比例法或等值线法进行插补。

（2）当自记仪器出现故障时，如果降水过程不准确但其时段总量是准确的，或有准确的人工观测总量，则以人工观测时段量或日量进行插补，日量后不需要加插补符号，日表也不加附注；若总量准确但无人工观测量，也可根据邻近站的雨程进行分列，亦无需加插补符号及附注。其他情况插补降水量，要在日量后加插补符号或在日表加附注。

（3）当降雪量发生缺测时，如果观测到雪深，可以根据10：1的比例将雪深折算成降水量，并记录折算系数；也可以通过“雪深：降水量”的实验数据记录降雪量的观测值。若未观测雪深，可根据邻近站插补，日量后需加插补符号，日表加附注说明。

2. 降水量的修正方法

如自记雨量计短时间发生故障，使降水量累积曲线发生中断或不正常时，则应通过分析对照或参照邻站资料进行插补和修正，否则，应将不能插补、修正的部分数据或记录舍弃，采用人工观测记录。对不能改正的部分，又无人工观测记录，按缺测处理。

5.4　基本资料整编方法

降水量基本资料包括逐日降水量表、降水量摘录表、各时段最大降水量表（1）和各时段最大降水量表（2）。

5.4.1　前期准备工作

在整编工作之前需收集相关资料，主要有：

（1）各类降水量观测资料（含气象部门的资料）。

（2）降水量传感器检测、检查记录。

（3）降水量报汛记录。

（4）近期水文年鉴。

（5）各类现行有效规范和标准。

（6）复审汇编单位、流域机构的相关规定。

5.4.2　逐日降水量表

1. 逐日降水量填列方法

逐日降水量表表式，见表5.1。降水量单位为mm，其数值保留小数1位。

表5.1　　**××河 ××站 逐日降水量表**　　单位：mm

<table>
<tr><td>月份
日期</td><td>1</td><td>2</td><td>3</td><td>4</td><td>5</td><td>6</td><td>7</td><td>8</td><td>9</td><td>10</td><td>11</td><td>12</td></tr>
<tr><td>1
⋮
31</td><td></td><td></td><td></td><td></td><td></td><td></td><td></td><td></td><td></td><td></td><td></td><td></td></tr>
<tr><td>降水量</td><td></td><td></td><td></td><td></td><td></td><td></td><td></td><td></td><td></td><td></td><td></td><td></td></tr>
<tr><td>降水日数</td><td></td><td></td><td></td><td></td><td></td><td></td><td></td><td></td><td></td><td></td><td></td><td></td></tr>
<tr><td>最大日量</td><td></td><td></td><td></td><td></td><td></td><td></td><td></td><td></td><td></td><td></td><td></td><td></td></tr>
<tr><td rowspan="4">年统计</td><td colspan="6">降水量</td><td colspan="6">降水日数</td></tr>
<tr><td colspan="2">时段/d</td><td colspan="2">1</td><td colspan="2">3</td><td colspan="2">7</td><td colspan="2">15</td><td colspan="2">30</td></tr>
<tr><td colspan="2">最大降水量</td><td colspan="2"></td><td colspan="2"></td><td colspan="2"></td><td colspan="2"></td><td colspan="2"></td></tr>
<tr><td colspan="2">开始时间</td><td colspan="2">—</td><td colspan="2">—</td><td colspan="2">—</td><td colspan="2">—</td><td colspan="2">—</td></tr>
<tr><td>附注</td><td colspan="12"></td></tr>
</table>

（1）逐日降水量数值均要依据审核后的降水量观测记载簿或订正后的自记记录数据计算得出。

（2）有降水之日，填记一日各时段各类降水物的总和。降雪或降雹时的降水量数值的右侧加注观测物符号。有必要测记初终霜的站，在初终霜之日记霜的符号。整编符号与观测物符号并用时，整编符号记在观测物符号之右。逐日降水量出现雹符号时，可在本表附注中注明降雹的平均粒径、最大粒径及降雹历时。

（3）少数日期降水量缺测者，应尽量予以插补；不能插补的记缺测符号。全月缺测者，各日空白，仅在月总量栏记缺测符号。

（4）降雪量缺测，应将雪深折算雪量比例记入附注。

（5）未按日界观测降水量，可将资料进行分列并加分列符号；无法分列的将总量记入最后一日，在末测日栏记合并符号。

2. 月统计填列方法

（1）月降水量：

1）填本月各日降水量之总和。

2）全月未降水者，记“0”。

3）一月部分日期（或时段）雨量缺测，月总量仍需计算，但要加不全统计符号。

4）全月缺测者，记缺测符号。

5）有跨月合并情况者，合并的量记入后月。前后月的月总量不加任何符号。合并量较大时要在附注中说明。

（2）月降水日数：

1）填本月降水日数之总和。

2）全月无降水日者，记“0”。

3）全月缺测者，记缺测符号。

4）一部分日期缺测者，根据有记录期间的降水日数统计，但要加不全统计符号。确知有降水和记合并符号之日，可加入全月降水日统计。

（3）月最大日量：

1）全月无降水者，本栏空白。

2）全月缺测者，记“—”号。

3）一个月部分日期缺测或无记录者，仍需挑选，但要加不全统计符号。如确知其为月最大，则不加不全统计符号。

4）一个月部分日期有合并降水者，如合并各日的平均值比其余各日仍大时，可选作月最大量，并加不全统计符号。

5）全月只有合并的降水量者，记“—”号。

3. 年统计、各时段最大降水量、附注的填列方法

（1）年降水量，降水日数。参照月统计规定统计。

（2）各时段最大降水量。从逐日降水量栏中，分别挑选全年最大1d降水量及连续3d、7d、15d、30d（包括无降水之日在内）的最大降水量填入，并记明其开始日期（以8时为日界）。全年资料不全者，统计值要加不全统计符号，能确知其为年最大时，可不加不全统计符号。

（3）附注。填列雨量场（器）的迁移情况（迁移日期、方向、距离、高差等）；有关插补、分列资料情况；其他影响资料精度的说明。

5.4.3　降水量摘录表

降水量摘录表主要提供汛期或主要暴雨的各个分段观测记录，包括各个分段的起讫时间及分段降水量。此项成果可以反映出降水随时段的变化情况及场次降水量。除复审汇编单位规定不作此表者，每日按4段制（或以上）观测及自记雨量资料整编的测站，一般均要编制此表。降水量摘录表表式，见表5.2。

表 5.2　　降水量摘录表

月	日	时或时分		降水量 /mm	月	日	时或时分		降水量 /mm	月	日	时或时分		降水量 /mm	月	日	时或时分		降水量 /mm
		起	止				起	止				起	止				起	止	
××河 ××站																			

1. 摘录要求

（1）自记站可选择一部分站按 24 段制摘录，其他自记站根据需要确定一种段制摘录。测站选择应符合的要求有：①所有水文站应列入；②降水径流分析所需要的站应列入；③山区、丘陵、平原交界处及水文站以上（区间）集水区中心应有站；④考虑面上分布均匀，在暴雨中心区、山区、暴雨梯度大的地区适当加密；⑤选取系列长、观测质量好的站；⑥雨量站较少的地区，也可规定将自记站全部列入；⑦选定的测站宜维持历年稳定。

（2）人工观测并且观测时段不少于四段次的测站按观测段制摘录。

（3）雨洪配套摘录：中小河流水文站以上的配套雨量站，其资料主要是为了满足暴雨洪水分析的需要，可采用与洪水配套的摘录方法，摘录段制一般按涨洪历时的 1/3 确定。

（4）稀遇暴雨的摘录标准由复审单位自行确定。

（5）采用"汛期全摘"的站，在汛期前、后出现与汛期大水有关的降水，均应摘录。非汛期的暴雨，其洪水已列入洪水水文要素摘录表时，该站及上游各站的相应降水，均应摘录。

（6）采用"雨洪配套摘录"的站，应根据洪水水文要素摘录表所列入的洪水，摘录该站及上游各站的相应降水，必要时，还应摘录流域边界周围站的相应降水。

（7）复审汇编单位规定相邻时间（正点之间）可以合并的，当相邻时间的降水强度等于或小于规定强度（如 2.5mm/h，少雨地区可减少）者，可予以合并摘录，合并后不得跨越规定段制的分界时间，且同一站当年资料必须一致。同一复审汇编单位的资料合并标准也尽可能统一，并维持相对稳定。

2. 摘录方法与摘录时段

（1）摘录方法。

第 1 种方法：中小河流水文站以上的配套雨量站，为了满足暴雨洪水分析的需要，可采用与洪水配套的摘录方法。

第 2 种方法：汛期全摘，非汛期按雨洪配套进行加摘。

（2）摘录时段。

自记降水量资料一般按 24 段制摘录。

雨洪配套摘录资料，可按暴雨洪水分析的需要确定，一般按涨洪历时的 1/3 作为一个摘录时段。

3. 制表方法

（1）记降水起止时分者，当一次降水量的起止时分跨过一个或几个正点分段时间时，则将该次降水按正点分段时间分成几段，分别记各段起止时间及各段降水量。有时可记相邻段的合并时间及总量。

（2）不记降水起止时分，只记降水的起止时段及降水量，有时可记相邻段的合并时段及总量。

4. 填列方法

（1）记起止时分的填列方法：

1）月、日、起止时分：一次降水分为几段者，填记各段开始的月、日和开始及终止时分；一次降水只有一段者，填记该次开始的月、日和开始及终止时分。

2）降水量：填记降水过程中定时分段观测及降水终止时所测得的降水量。

3）起止时分缺测，但各时段降水量记录完整者，起止时分栏填降水开始以前和结束以后正点分段观测的时间，但只记时不记分。月、日栏填“起”时所在月、日。

4）未按日界或分段时间进行观测但知其总量者，记总的起止时间及其总量。

5）一日或若干日全部缺测者，在月、日、时分栏记缺测的起止时间，只记时不记分。缺测一日者记一行，降水量栏记“—”符号；缺测两日以上者，分记两行，只在下一行降水量栏记“—”符号。

（2）不记起止时分的填列方法：

1）月、日、起止时间。填列时段开始的月、日和起止时间，时段小于1h，记至时、分；时段等于或大于1h，记至时。

2）各种缺测情况及配套摘录，可按照记起止时分的有关规定填列。

5.4.4 各时段最大降水量表（1）

各时段最大降水量表（1）表式，见表5.3。

表5.3　　各时段最大降水量表（1）

站次	最大时段/min 站名	10	20	30	45	1×60	1.5×60	2×60	3×60	4×60	6×60	9×60	12×60	24×60
		降水量/mm 开始时间												

1. 编制说明

（1）本表汇列部分自记雨量站指定时段的年最大降水量及其发生日期。选站时可根据暴雨公式的指数变化大小，以及地域分布情况，由复审汇编单位确定。已选定的站要维持历年稳定。自记站较少的地区可全作此表。

（2）本表填列各站10min、20min、30min、45min、1×60min、1.5×60min、2×60min、3×60min、4×60min、6×60min、9×60min、12×60min、24×60min最大降水量及日期。为了使用方便，可以将各站资料连续编排列入同一表内，也可单站成表。

2. 统计与填列方法

（1）各分钟时段最大降水量一律采用1min或5min滑动进行挑选，在数据整理时，应注意采用1min或5min滑动摘录，虹吸资料处理时，应符合前述查读误差要求。在同一复审汇编单位的同一年资料中，标准尽量保持一致。

（2）表中各时段最大降水量值，分别在全年的自记资料中连续滑动挑选。

（3）自记雨量计短时间发生故障，经邻站对照分析插补修正的资料，可参加统计。

（4）无自记记录期间可采用人工观测资料挑选，但应附注说明暴雨的时间、降水量等情况。一年内暴雨期自记记录不全或有舍弃情况，且无人工观测资料时，应在有自记记录期间挑选，并附注说明情况，如年内主要暴雨都无自记记录，则不编本表。

（5）为了便于统计和准确选到各时段的年最大降水量，可由复审汇编单位自行确定填列标准，逐月挑选各时段最大降水量。

（6）挑选出来的数据分记两行，上行为各时段最大降水量，下行为对应时段的开始日期。日期以零时为日分界线。

5.4.5 各时段最大降水量表（2）

各时段最大降水量表（2）表式，见表5.4。

表5.4 **各时段最大降水量表（2）** 单位：mm

站次	时段/h 最大 站名	1			2			3			6			12			24		
		降水量	开始		降水量	开始		降水量	开始		降水量	开始		降水量	开始		降水量	开始	
			月	日		月	日		月	日		月	日		月	日		月	日

1. 编制说明

（1）本表填列各站1h、2h、3h、6h、12h、24h最大降水量及日期。为了使用方便，可将各站资料连续编排列入同一表内，也可单站成表。

（2）有自记雨量记录并编制“各时段量大降水量表（1）”的站，不再列入表内，其他站，一般均作此项统计。雨量站很密时，也可由复审汇编单位选定一部分站作此统计，但应保持系列长期稳定。

2. 统计与填列方法

（1）表内各小时时段降水量，通过降水量摘录表统计而得。

（2）所有作此项统计的自记雨量站或人工观测站，均应按观测时段或摘录时段滑动统计。

（3）按24段观测或摘录的，各种时段最大降水量都应统计；按12段观测或摘录的，统计2h、6h、12h、24h的最大降水量；按8段观测或摘录的，统计3h、6h、12h、24h的最大降水量；按4段观测或摘录的，只统计6h、12h、24h的最大降水量。不统计的各栏，任其空白。按两段制观测或只记日量的站，不作此项统计。

（4）挑选出来的各时段最大降水量，均应填记其时段开始的日期。日期以零时为日分界。

5.5 资料合理性检查

5.5.1 单站合理性检查

降水量的单站合理性检查是在站整编的基本内容之一，其方法如下。

（1）检查各时段最大降水量是否随时段加长而增大，长时段降水强度是否小于短时段的降水强度。若不符合此规律，说明各时段最大降水量资料可能存在错误。

（2）将降水量摘录表或各时段最大降水量表与逐日降水量表进行对照：检查相应的日量及符号是否一致，24h最大量是否大于或等于一日最大量；各时段最大量是否大于或等于摘录表中的相应时段量。如果前列检查结论是否定的，则说明各时段最大降水量表、逐日降水量表存在错误。

（3）如果该站有蒸发观测项目，还应用逐日降水量表中数据与计算蒸发量的降水量数据进行比较，看其是否一致（资料来源不同时，是否在合理的偏差范围内）。

5.5.2 综合合理性检查

降水量资料的综合合理性检查是资料初审的基本内容之一。在资料复审时，还要对初审资料区域内的边缘雨量站点与邻近地区的雨量站点资料进行对照检查。降水量资料综合合理性检查的方法如下。

（1）邻站逐日降水量对照。用各站的逐日降水量表直接比较，也可编制各站逐日降水量对照表比较。在发生大暴雨或发现有问题的地区，可用相邻各站某次暴雨的自记累积曲线或编制时段降水量对照表进行检查。

通常相邻站的降水时间、降水量、降水过程具有一定的规律性或相似性。如果发现某站情况比较特殊，要进一步检查数据并分析其原因，确定是否观测有误，或是缺测插补方法不对，也可能是雨区移动、地形特点等因素所致。

（2）邻站月、年降水量及降水日数对照。一般采用编制各站月、年降水量及降水日数对照表进行检查。各站可按地理位置，自北向南、自西向东的次序排列，也可采用其他排列方法，使相邻站、相同水系站在表中排在相近的位置上。对照检查时，若发现某站降水量或降水日数与邻站相差较大，要分析其原因，并在相关整编表中附注说明。

（3）暴雨、汛期及年降水量等值线检查。将审查区域内的所有雨量站按准确的地理位置点绘在同一张电子地图上，再按次暴雨时段、月降水量、汛期、年降水量等不同的时段降水量，分别绘制降水量等值线图，然后分析次暴雨中心、月降水量、汛期、年降水量分布的合理性。对于有梅雨的地区，还可以绘制各站梅雨期降水量等值线图，分析梅雨期降水量分布的合理性。

本章小结

降水量资料经过整编、审查、复审3个工作阶段，其工作内容及其侧重点有所不同。

整编的工作目标：编制完成说明资料、基本资料和调查资料，要满足整编规范的质量定性标准和成果数字质量标准。

在整编前进行数据整理与审核，并对资料插补与改正。插补方法主要有邻站平均值法、比例法和等值线法；改正方法是通过分析对照或参照邻站资料进行插补和修正，对不能插补、修正的部分数据采用人工观测记录，无人工观测记录则按缺测处理。

降水量基本资料整编方法包括逐日降水量表、降水量摘录表、各时段最大降水量表（1）和各时段最大降水量表（2）的具体整编方法。

资料合理性检查方法：单站合理性检查，各时段最大降水量应随时段加长而增大，长时段降水强度应小于短时段的降水强度，24h最大量应大于或等于一日最大量，各时段最大量应大于或等于摘录表中的相应时段量。综合合理性检查，进行邻站逐日降水量对照检查、邻站月、年降水量及降水日数对照检查，进行暴雨、汛期及年降水量等值线检查，分析降水量分布的合理性。

思 考 与 练 习

5.1　降水量整编成果需经过哪些工作阶段？各阶段的主要工作内容是什么？

5.2　降水量资料整编的工作目标是什么？降水量资料有哪些质量要求？

5.3　降水量资料整编的说明资料、基本资料、调查资料分别有哪些？

5.4　在降水量资料整编之前如何进行数据整理？资料审核方法有哪些？

5.5　降水量资料发生中断缺测或出现错误时如何进行资料插补与改正？

5.6　降水量基本资料包括哪几种？

5.7　逐日降水量的时段分界线是什么？

5.8　简述逐日降水量表、降水量摘录表的整编方法。

5.9　雨洪配套摘录段制如何确定？

5.10　各时段最大降水量表（1）、表（2）分别包括哪些时段？开始日期以什么时刻分界？

5.11　简述降水量资料合理性检查方法。

第6章 水面蒸发量资料整编

6.1 概 述

水面蒸发量资料整编，是指蒸发站从每日水面蒸发量原始观测资料到年度水面蒸发量整编成果的具体工作方法。它包括整编、审查、复审3个工作阶段。其整编分为说明资料、基本资料整编，说明资料整编为蒸发站基本资料收集、考证、整理的概述与分析说明，基本资料整编包括蒸发基本站网、实验站、专用站的各项资料整编。

6.1.1 工作内容

从每日水面蒸发量原始观测资料到年度水面蒸发量整编成果，需经过整编、审查、复审3个工作阶段，其主要工作内容如下。

1. 整编阶段

整编开始前，收集蒸发站（含降水量站）原始资料、考证资料、水文调查成果、历年整编有关情况以及测验工作中的有关蒸发量、降水量分析图表和文字说明；着重检查蒸发量（含降水量）观测、计算方法及实测成果的合理性；原始资料、考证资料、数据整理、成果图表等均应作齐三道工序后方可进行整编。

整编阶段主要工作内容如下：

（1）蒸发站考证。按有关规范要求填写“蒸发站考证簿”，其内容包括测站沿革、观测场地环境、平面图、观测仪器及观测员说明等。当蒸发量观测地点有迁移时，除了考证中说明有关情况，还要在单站资料整编说明书中予以说明。

（2）对原始资料进行审核。原始资料为“水面蒸发观测记载簿”。

（3）确定整编方法。根据测站任务书和前面考证与原始资料审核情况，按照水文资料整编规范的规定，选择具体的整编方法。

（4）数据整理、输入及图表编制。数据整理的工作内容：①解决记录数据中缺失、失真部分的存在问题，进行蒸发量的插补与改正；②将蒸发量记录数据整理成蒸发量资料整编软件规定的数据格式。输入的工作内容就是应用蒸发量资料整编软件进行数据录入，并解决录入过程中可能发生的各种问题。图表编制的工作内容就是完成测站任务书规定内容，得到“逐日水面蒸发量表”“水面蒸发量辅助项目月年统计表”及辅助项目逐月综合过程线。

（5）单站合理性检查。其工作内容：①对蒸发量成果表进行表面合理性检查；②看蒸发量与水温、气温、风速、晴雨天的相关性；③看结冰期标注符号与季节、水温、气温的相关性；④将本站蒸发量特征值与历年极值的进行比较。

（6）编写单站资料整编说明，并进行单站资料质量评定。单站资料整编说明主要包括本站的观测环境、观测情况、当年降水与蒸发情况、资料整编情况、资料质量评定及遗留问题等。

2. 审查阶段

（1）抽查原始资料。抽查数量由整编单位确定。抽查某站一年中的数个月资料进行审核，如果发现该站资料存在问题，则增加抽查数量直至全年资料。

（2）对蒸发站考证、数据整理表和数据文件及整编成果进行全面检查。其工作内容是审查资料的正确性，审查缺测处理、资料插补和改正的合理性。

（3）审查“单站合理性检查”的各项图表，工作重点是审查其内容和方法。

（4）与整编范围内的邻站进行综合合理性检查。其工作内容：①将本站与邻站的逐日水面蒸发量表进行对照检查；②相邻站月、年水面蒸发量对照检查。

（5）进行资料质量评定。根据前面的工作步骤对审查资料进行资料质量评定。

（6）编制测站一览表及整编说明。本阶段整编说明主要写整编区域内的当年降水与蒸发情况、蒸发站站网情况、蒸发量观测情况、资料整编审查情况和资料质量评定等。

3. 复审阶段

（1）抽取部分蒸发站，对各站的考证、数据整理表、数据文件及成果表进行全面检查，其余只作主要项目检查。

（2）对蒸发站全部整编成果进行表面统一检查。

（3）复查各站蒸发量的综合合理性检查图表，进行复审范围内的综合合理性检查。

（4）评定各站蒸发量整编成果质量，并进行验收。

6.1.2 工作目标

1. 水面蒸发量资料整编的工作目标

（1）说明资料有 4 种：水面蒸发量资料整编说明表、蒸发站一览表、蒸发站分布图、按照规范要求填写蒸发站考证簿（一般是逢 0 逢 5 年份重新编制；当年蒸发站及雨量站发生变化时必须填写）。

（2）基本资料有 2 种：逐日水面蒸发量表、水面蒸发量辅助项目月年统计表。

2. 蒸发量资料的质量要求

蒸发量资料的质量要求包括质量定性标准和成果数字质量标准。具体内容与降水量资料的质量要求相同。

6.2 数据整理与审核

在蒸发量资料整编之前要对观测记录进行数据整理与审核，检查观测、记载、缺测等情况。对于自记资料应检查记录数值与仪器分辨力是否相符，记录时间日误差是否符合有关规范的规定，还应检查仪器的故障处理情况。

1. 数据整理方法

当一个蒸发站同时有自记记录和人工观测记录时，应使用人工观测记录进行资料整编。自记记录可与人工观测记录进行对比分析。

2. 资料审核方法

(1) 重点检查观测资料有无缺测和观测记载、计算方面的错误；审查仪器发生故障时处理（插补或改正）方法的正确性。

(2) 审核原始数据文件，全面检查月、年极值及冰期符号是否正确。

(3) 审查有降水之日蒸发量计算方法是否正确。

(4) 对人工观测资料和自记观测资料进行同时段对比，看是否有不合理现象，尤其是发生降水时，看水面蒸发量是否一致。

(5) 与邻近站进行同步对比分析，可找出某些站的观测记录存在问题。

(6) 检查自记资料，要对每个蒸发量数据进行检查，看分辨力是否满足规范要求。

3. 整编控制信息检查

整编控制信息检查主要是检查水面蒸发量的数据格式是否符合复审单位规范性文件、整汇编规范、整汇编软件的要求。

6.3 资料插补、改正和换算

当蒸发量因故发生少数日期（时段）缺测或观测设备有故障时，应尽量根据具体情况予以插补或修正，无法进行插补时，方可作缺测处理。其资料插补、改正和换算方法如下。

(1) 当缺测日的天气状况与前后日大致相似时，可根据前后日观测值直线内插，亦可借用附近气象站资料；观测水气压力差和风速资料的站，可绘制有关因素的过程线或相关线进行插补。

(2) 当水面蒸发量很小时，测出的水面蒸发量是负值时，应改正为“0.0”，并加改正符号。

(3) 风沙较大时，应扣除其影响。

(4) 一年中采用不同口径的蒸发器分时期观测的站，当历年积累有20cm口径蒸发器与E601型蒸发器比测资料时，应根据分析的换算系数进行换算，并附注说明。

(5) 如全年内采用两种仪器同时观测的，应分别进行整编。

6.4 基本资料整编方法

水面蒸发量基本资料包括逐日水面蒸发量表、水面蒸发量辅助项目月年统计表。

6.4.1 前期准备工作

在整编工作之前需收集相关资料，主要有：

(1) 各类蒸发量及辅助项目观测资料（含气象部门的资料）。

(2) 蒸发量仪器设备检测、检查记录。

(3) 近期水文年鉴。

(4) 各类现行有效规范和标准。

（5）复审汇编单位、流域机构的相关规定。

6.4.2 逐日水面蒸发量表

逐日水面蒸发量表表式，见表 6.1。水面蒸发量单位为 mm，其数值保留小数 1 位。

（1）观测水面蒸发量的站要编制逐日水面蒸发量表，若采用不同口径的蒸发器和蒸发池同步观测，则要分别编制该成果表。

（2）分时间段使用不同型式蒸发器观测资料整编，换算时，要在附注栏中注明与 E601 型蒸发器的换算系数。

（3）逐日水面蒸发量结冰期内的填制方法：只要前一日水面蒸发量栏填的是“B↓”，即使次日 8 时观测时无冰，也应在数值右侧加“B”。

（4）有合并观测值的月极值挑选，当合并量平均值当选时，逐日水面蒸发量值与日期均加括号；实测值当选时，若实测值大于各段合并量，则值和日期均不加括号，若小于各段合并量，则值和日期均加括号；实测 0.0 当选最小值时，值不加括号，日期出现在合并量前不加括号，出现在合并量后则加括号。

（5）初冰在上半年出现，或没有初冰，则初冰日期任其空白，附注中说明表述如：下半年没有结冰。全年无结冰，不加附注。

表 6.1　××河 ××站 逐日水面蒸发量表

蒸发器位置特征：　　　　蒸发器型式：　　　　单位：mm

<table>
<tr><th>月份
日期</th><th>1</th><th>2</th><th>3</th><th>4</th><th>5</th><th>6</th><th>7</th><th>8</th><th>9</th><th>10</th><th>11</th><th>12</th></tr>
<tr><td>1
⋮
31</td><td></td><td></td><td></td><td></td><td></td><td></td><td></td><td></td><td></td><td></td><td></td><td></td></tr>
<tr><td>水面蒸发量</td><td></td><td></td><td></td><td></td><td></td><td></td><td></td><td></td><td></td><td></td><td></td><td></td></tr>
<tr><td>最大</td><td></td><td></td><td></td><td></td><td></td><td></td><td></td><td></td><td></td><td></td><td></td><td></td></tr>
<tr><td>最小</td><td></td><td></td><td></td><td></td><td></td><td></td><td></td><td></td><td></td><td></td><td></td><td></td></tr>
<tr><td rowspan="2">年统计</td><td colspan="4">水面蒸发量</td><td colspan="4">最大日水面蒸发量　月　日</td><td colspan="4">最小日水面蒸发量　月　日</td></tr>
<tr><td colspan="6">终冰　月　日</td><td colspan="6">初冰　月　日</td></tr>
<tr><td>附注</td><td colspan="12"></td></tr>
</table>

6.4.3 水面蒸发量辅助项目月年统计表

水面蒸发量辅助项目月年统计表表式，见表 6.2。

（1）在编制表 6.2 之前，要先编制逐日平均气温、水汽压、水汽压力差、风速表。然后，依据这 4 种逐日表，分别计算旬、月、年平均值填入相应栏。

（2）观测高度一般为 1.5m，非此高度按实际值填入。

（3）在表 6.2 中“1.5m 高处的水汽压”栏不应用数值相近的“1.5m 高处的绝对湿度”栏替代。

表 6.2　　　　××河 ××站水面蒸发量辅助项目月年统计表

项目＼时间＼月份			1	2	3	4	5	6	7	8	9	10	11	12
1.5m 高处的月平均气温/℃	旬平均	上中下												
	月平均													
	年平均													
1.5m 高处的水汽压月平均/10^2Pa	旬平均	上中下												
	月平均													
	年平均													
水面和 1.5m 高处的水汽压力差/10^2Pa	旬平均	上中下												
	月平均													
	年平均													
1.5m 高处的风速/(m/s)	旬平均	上中下												
	月平均													
	年平均													
附注														

（4）饱和水汽压是指蒸发器水面饱和水汽压，系根据蒸发器内水面下 0.01m 水深处的温度在有关气象查算表中查得；0.01m 水深处的温度不应用其他处的温度替代，未按此要求据以计算水面和 1.5m 高处的水汽压力差应附注说明。

（5）附注：说明有关影响资料精度等问题。例如，×月×日 0.01m 水深处的温度根据其与 1.5m 高处的气温关系求得，并用以查算水面饱和水汽压。

6.5　资料合理性检查

6.5.1　单站合理性检查

水面蒸发量的单站合理性检查是在站整编的基本内容之一，其方法如下。

（1）逐日水面蒸发量与逐日降水量对照。对突出偏大、偏小确属不合理的水面蒸发量数值，应参照有关因素和邻站资料予以改正。

（2）观测辅助项目的站，水面蒸发量还可与水气压力差、风速的日平均值进行对照。水气压力差与风速越大（水气排除条件好），则水面蒸发量越大，使用此法可以减小降水局地性的影响。

（3）非结冰期，如果出现连续多日每日水面蒸发量数据相同，应注意认真检查其合理性。

6.5.2　综合合理性检查

水面蒸发量资料的综合合理性检查是资料初审的基本内容之一。在资料复审时，还要对初审资料区域内的边缘蒸发站点与邻近地区的蒸发站点资料进行对照检查。水面蒸发量资料综合合理性检查的方法如下。

（1）各站月、年水面蒸发量对照表检查。编制各站月、年水面蒸发量对照表，用各站月、年水面蒸发量进行对比分析，如发现某站水面蒸发量与邻站相差悬殊，则要仔细检查观测情况、蒸发场地、蒸发器形式及安放地点等。由于气候条件相近，邻近站水面蒸发过程及蒸发量应有相似之处，月、年水面蒸发量应呈显著的正相关特点。

（2）初终冰日期一般应与当地气温显著相关（即遵循地理位置和海拔高度规律），可以进行比较，也可以跟历史资料进行对比。

（3）点绘本站与邻站月水面蒸发量相关图、逐日水面蒸发量过程线或年水面蒸发量等值线图进行检查。

本章小结

水面蒸发量资料经过整编、审查、复审3个工作阶段，其工作内容及其侧重点有所不同。整编的工作目标：编制完成说明资料、基本资料和调查资料，要满足整编规范的质量定性标准和成果数字质量标准。

在整编前进行数据整理与审核，并对资料插补、改正和换算。资料插补一般采用前后日观测值直线内插，也可绘制过程线或相关线进行插补，无法进行插补时作缺测处理。观测值为负值改正为“0.0”，并加改正符号。20cm口径蒸发器与E601型蒸发器按换算系数进行换算，并附注说明。

水面蒸发量基本资料整编方法包括逐日水面蒸发量表、水面蒸发量辅助项目月年统计表的具体整编方法。

资料合理性检查方法：单站合理性检查，进行逐日水面蒸发量与逐日降水量对照，与水气压力差、风速的日平均值进行对照，检查其合理性。综合合理性检查，进行各站月、年水面蒸发量对照表检查，与历史资料进行对比分析，点绘本站与邻站月水面蒸发量相关图、逐日水面蒸发量过程线或年水面蒸发量等值线图进行检查。

思考与练习

6.1 水面蒸发量资料整编各阶段的主要工作内容是什么？

6.2 水面蒸发量资料整编的工作目标是什么？其资料有哪些质量要求？

6.3 水面蒸发量资料整编的说明资料、基本资料分别有哪些？

6.4 在水面蒸发量资料整编之前如何进行数据整理？资料审核方法有哪些？

6.5 水面蒸发量资料发生中断缺测或出现错误时如何进行资料插补与改正？

6.6 逐日水面蒸发量的时段分界线是什么？

6.7 简述逐日水面蒸发量表的整编方法。

6.8 简述水面蒸发量资料合理性检查的方法。

第7章 计算机在资料整编中的应用

7.1 概 述

计算机整编水文资料的过程是把原始资料加工成电子计算机能识别的信息，然后输入计算机，并按预定的程序进行运算，最后输出各种整编成果。目前应用计算机整编水文资料的主要项目有水位、流量、含沙量、输沙率、降水量，地下水、水化学、水污染等。

根据国内水文事业的发展现状，水文资料的数据源包括：人工观测资料、遥测系统及固态资料，人工观测资料基本上是由人工从自记图上摘录逐时的水位值，制成表，录入计算机，进行资料整编，遥测系统及固态资料的资料经合理化分析处理后，可直接利用计算机技术进行资料整编。

21世纪以来，水文资料整编手段在信息技术发展的推动下获得了显著的提高，极大地解放了水文资料整编的生产力。可以预见，在信息技术不断创新的大环境中，水文资料整编程序及整编工作将跨入一个新的境界，自动化、智能化、网络化等高端技术将会把水文资料整编程序打造成水文数据处理与集成的强大系统。

未来的水文资料整编设计程序应具备在线网络智能功能，完成网络数据接口、传输及整理，完成测站基本信息统一汇总，完成各类测验整编表格一体化输出，完成各种测站类别及项目资料的数据转换、分类、计算、统计、绘图、检错、合理性检查等工作。

信息采集后台的实时技术处理全面适应资料整编需求，筛分检错能力强。采用先进的有线、无线公网及宽带接入技术，满足水情数据、图像、语音的实时传输需要。

水文资料固态存储实现模块数据整编，满足固态存储数据远距离传输、随时掌握仪器工作状况和数据存储情况。

未来的水文测验与资料整编之间数据衔接通畅，能及时提交满足本行业及社会相关行业对水文资料需求的成果，切实满足国民经济建设的科学决策需要。

7.2 水文资料计算机整编

在水文资料整编中，经常用一些水文要素间的关系来推求难以观测到的水文要素的变化过程。例如，用水位流量关系来推求流量过程，用单断沙关系推求断沙过程等。用计算机进行整编时，可以把有关的水文要素间的关系处理成单一线，或者可以把复杂关系转换成单一关系。

7.2.1 单一关系线的拟合

在水文要素间的关系中，最常见到的基本关系线为单一关系线。在率定这些水文要素间的关系时，人工整编一般是通过关系点的点群中心，用适线法定出关系曲线。用计算机进行整编时，一般用一定的关系方程对实测的关系点进行拟合。

1. 曲线拟合中的数学模型

用一定的数学模型来拟合单一曲线的工作，过去做过不少的尝试。人们所用过的数学模型有幂指数型、抛物线型、双曲线型、线性逐步回归及浮动多项式等。幂指数方程是流量资料整编中最常用的方程，其形式为

$$Q=C(Z-Z_0)^{\beta} \tag{7.1}$$

式中 Q——流量；

Z——水位；

Z_0——断流时的水位；

C、β——常数。

抛物线方程是最早用来拟合水位流量关系的方程之一，其形式为

$$Q=A_0+A_1Z+A_2Z^2 \tag{7.2}$$

式中 Q——流量；

Z——水位；

A_0、A_1、A_2——待定常数。

双曲线方程，其形式为

$$\frac{(Q-d)^2}{a^2}-\frac{(Z-c)^2}{b^2}=1 \tag{7.3}$$

式中 a、b、c、d——待定常数；

Z、Q——水位与流量。

有些函数可以展开为幂级数，通过展开整理，其级数的形式相同，一般形式为

$$Q=A_0+A_1h+A_2h^2+\cdots+A_mh^m+\cdots \tag{7.4}$$

式中 A_0、A_1、…、A_m、…——常数；

h——反映水位高低的变量。

若取式（7.4）的 $m+1$ 项对原函数进行逼近，则以上级数可以用最高次为 m 的多项式表示，即

$$Q=A_0+A_1h+A_2h^2+\cdots+A_mh^m \tag{7.5}$$

多项式方程是精度较高、通用性较强、应用较多的方程形式。

线性逐步回归数学模型的方程形式亦为式（7.5）。它是应用最小二乘方原理，对所形成的正规方程组进行线性变换，成为标准化正规方程。在求解标准正规方程组时，不是直接求解，而是根据其对因变量有无显著贡献，把那些贡献不大的自变量函数剔除掉。为达到此目的，首先从只包括一个自变量函数的回归方程开始，接着是有两个自变量函数的回归方程，并反复进行：①对已在回归方程中的自变量函数进行显著性检验，显著者保留；②对不在回归方程中的其余自变量函数挑选最重要的一个自变量函数进入回归方程，直至最后回归方程中再不能剔除任一自变量函数，也不能再引入自变量函数为止。由于这一方法是通过对自变量函数逐步筛选来完成的，故称为逐步回归。

2. 浮动多项式配方程模型

浮动多项式配方程模型是用最小二乘方法选配项数不等的若干个多项式方程，根据单

一线精度指标及单一曲线的水文特性，从若干个方程中选取符合水文特性的最优多项式作为最终选配的方程。

（1）最小二乘方选配多项式方程。若有 n 个观测点，选配 $m+1$ 项的多项式方程，其自变量为 h，因变量为 Q，则每一个测点都应有一关系式。n 个测点有 $n+1$ 个关系式($n>m-1$)

$$\left.\begin{aligned} Q_1 &= A_0 + A_1 h_1 + A_2 h_1{}^2 + \cdots + A_m h_1^m \\ Q_2 &= A_0 + A_1 h^2 + A_2 h_2{}^2 + \cdots + A_m h_2^m \\ &\vdots \\ Q_n &= A_0 + A_1 h_n + A_2 h_n{}^2 + \cdots + A_m h_n^m \end{aligned}\right\} \tag{7.6}$$

由于各个测点都有误差，由于各个测点并不严格满足（7.6），因此式（7.6）为一矛盾方程组。

最小二乘方原理，就是使所配方程与每一实测点的离差平方和最小，即

$$\sum_1^N [Q_i - (A_0 + A_1 h_i + A_2 h_i{}^2 + \cdots + A_m h_i^m)]^2 = S \tag{7.7}$$

取极小值，要满足条件，只需对各待定系数求偏导数，并使其等于零

$$\left.\begin{aligned} &\frac{\partial \sum_1^N [Q_i - (A_0 + A_1 h_i + A_2 h_i^2 + \cdots + A_m h_i^m)]^2}{\partial A_0} = 0 \\ &\frac{\partial \sum_1^N [Q_i - (A_0 + A_1 h_i + A_2 h_i^2 + \cdots + A_m h_i^m)]^2}{\partial A_1} = 0 \\ &\vdots \\ &\frac{\partial \sum_1^N [Q_i - (A_0 + A_1 h_i + A_2 h_i^2 + \cdots + A_m h_i^m)]^2}{\partial A_m} = 0 \end{aligned}\right\} \tag{7.8}$$

该方程组有 $m+1$ 是个待定系数，有 $m+1$ 个方程，有唯一解。方程组（7.8）求出偏导数后的形式为

$$\left.\begin{aligned} &A_0 \sum_{i=1}^N h_i^0 + A_1 \sum_{i=1}^N h_i^2 + A_2 \sum_{i=1}^N h_i^2 \cdots + A_m \sum_{i=1}^N h_i^m = \sum_{i=1}^N Q_i h_i^0 \\ &A_0 \sum_{i=1}^N h_i + A_1 \sum_{i=1}^N h_i^2 + A2 \sum_{i=1}^N h_i^3 \cdots + A_m \sum_{i=1}^N h_i^{m+1} = \sum_{i=1}^N Q_i h_i \\ &\vdots \\ &A_0 \sum_{i=1}^N h_i^m + A_1 \sum_{i=1}^N h_i^{m+1} + A_2 \sum_{i=1}^N h_i^{m+2} \cdots + A_m \sum_{i=1}^N h_i^{2m} = \sum_{i=1}^N Q_i h_i^m \end{aligned}\right\} \tag{7.9}$$

方程组（7.9）称为正规方程组，此方程组为一线性方程组，其系数矩阵与自由项组成方程组的增广矩阵。解方程组（7.9）便可求出各待定系数 A_0、A_1、…、A_m、…，即求出了有一确定项数的多项式方程。

（2）浮动多项式。如上所述，解方程组（7.9），仅求出一项数确定的一个多项式方程，改变多项式的项数，则可用上述方法求出多个方程组，因此，要建立浮动多项式首先要确定多项式的最多项数。实践表明，一般多项式最多项数取 12 项就足够了，而对数浮动多项式的最多项数取 8 项即可。

要选取最优多项式，应有一个精度指标。关系方程的精度可以用一定置信水平的关系方程的不确定度来衡量。

一定置信水平的关系方程的不确定度与实测关系点对关系方程的标准差、选用关系方程的形式、水位的高低和实测点的测次等因素有关。

在反映关系方程精度情况的诸因素中，对于测次一定的资料，其关系点偏离关系方程的相对标准差是最重要的指标。在项数不等的多个多项式方程中，实测点偏离关系线的标准差S，建议用下面的公式

$$S_y=\sqrt{\sum_{i=1}^{N}\left(\frac{Q_{ci}-Q_i}{Q_{ci}}\right)^2/(N-f)} \tag{7.10}$$

式中　Q_i——实测值；

Q_{ci}——关系方程推算值；

N——测次数；

f——自由度损失值，一般等于多项式的项数。

项数不等的多个多项式方程中，相对标准差小者为优。

3. 数学模型的检验

对单一关系线的定线有着具体规定：①水位流量关系点的分布，若75%以上的点与关系曲线的偏离相对误差、流速仪法高，中水不超过±5%、流速仪法低水及水面浮标法不超过±8%，可定为单一线；②对所定的单一线要进行符号检验、适线性检验、偏离数值检验等；③对于单一水位流量关系，一般测站为一下凹的增值曲线，因此不允许曲线反曲。计算机所拟合的水位流量关系方程应从以上几方面来检验所定方程的合理性。

单一曲线，其线型一般应符合一定的水文特性。例如，单一水位流量关系方程一般不允许出现反曲。但在用计算机拟合多项式方程时，有时会出现反曲，其原因有水文观测方面的，也有洪水本身特性造成的。出现反曲现象的测点分布特点是：一般测次较少，且分布不均，流量偏小的测点较多或有流量特别偏小的测点。例如，有的测站涨水历时很短，切测验条件困难，水位流量关系本身为一幅度很小的绳套曲线，这样就会造成落水测点较多、且流量偏小，用多项式定线时会出现反曲的现象。

造成方程反曲的另一个原因是所用多项式的项数太多。直线方程谈不上反曲；二次三项式，其二阶导数为一常数也不会出现反曲；四项式其二阶导数为一直线方程，可能出现一次反曲（反曲处二阶导数为0）；项数越多，反曲的可能性越大。

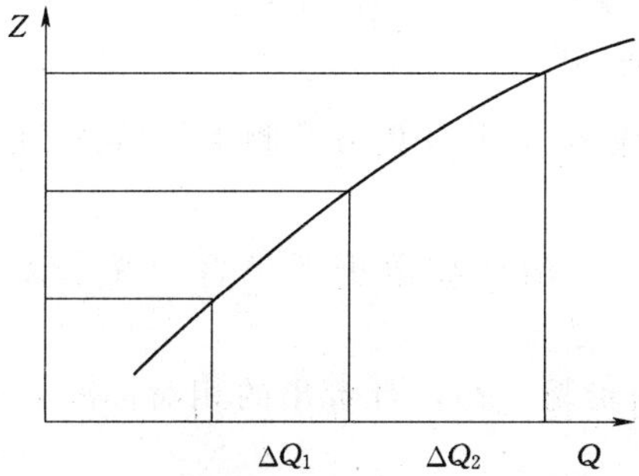

图7.1　反曲检查示意图

由于选配的多项式方程会出现反曲现象，因此，在使用浮动多项式时，对明显可造成反曲的测点分布，在定线时应加以处理。例如，加进一些历史上的高水控制点，即可使方程改观。

对于有些方程可能造成的反曲，在浮动多项式中加进反曲检查来加以排除，如图7.1所示。反曲检查的方法可以根据方程的形式，求其二阶导数，其小于零者为反曲。亦可按一定的水位间隔推求流量，设相邻点水位差 ΔZ 为一常数，其相应推出的

流量为 ΔQ，若 ΔQ 随着水位的增高逐渐增大，则属正常；反之，则为反曲。检查反曲的判别式为

$$\Delta Q(i+1) \geqslant \Delta Q(i) \tag{7.11}$$

式中　i——在方程上从低水位到高水位以相等的间隔 ΔZ 所取的点序。

凡符合上式者属正常，否则为反曲。

7.2.2　不稳定水位流量关系线的处理

不稳定水位流量关系是非单值的，这给使用计算机定线带来一些不便。要把不稳定水位流量关系通过一定的水力因素处理，使之成为单值关系。

1. 受洪水涨落影响的抵偿河长法

抵偿河长法中的水位后移法，是把本站的实测流量 Q_t 与本站测流时的平均时间后移 1/2，抵偿河长传播时间（假定为 Δt）的水位 $Z_{t+\Delta t}$ 并建立关系，从而使受洪水影响下的绳套曲线变为单一关系线 $Z_{t+\Delta t}$-Q_t。抵偿河长法选配方程框图，如图 7.2 所示。

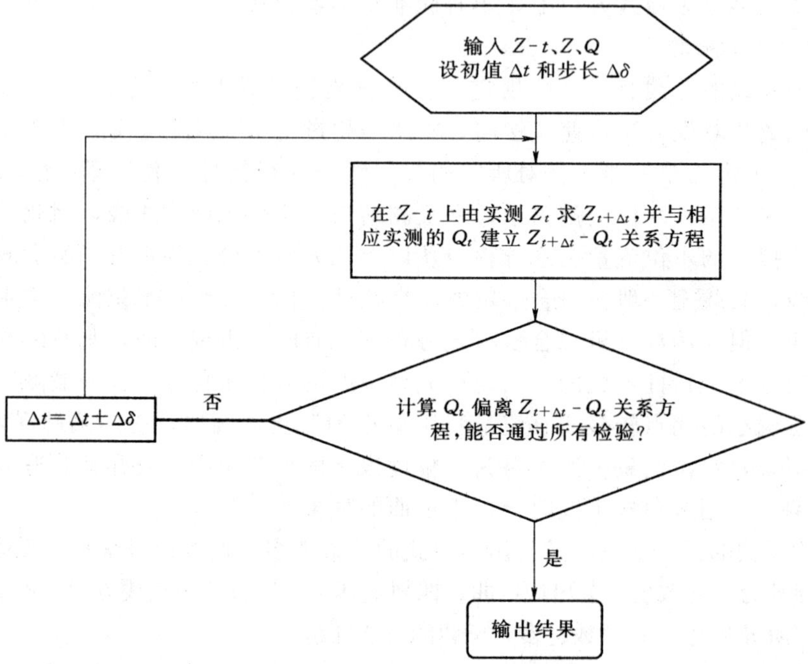

图 7.2　抵偿河长法选配方程框图

（1）假定一个后移时间为 Δt，在实测的水位过程线 $Z-t$ 上计算各实测水位后移 Δt 以后的水位 $Z_{t+\Delta t}$。

（2）由实测流量 Q_t 与相应后移为 Δt 的水位 $Z_{t+\Delta t}$，用浮动多项式拟合一条关系线 $Z_{t+\Delta t}$-Q_t，并计算实测点偏离关系线的相对标准差 S_y。

（3）重新假定一个后移时间 Δt，重复步骤（1）和步骤（2），计算出的相对标准差 S_y 与第一次的 S_y 进行比较，小者为优。

（4）在 Δt 一个有限范围内选择几个值，取 S_y 最小及相应的后移时间 Δt，则相应的

$Z_{t+\Delta t}$-Q_t 关系方程即为所求。

（5）推流时，由已知本站水位过程求后移水位 $Z_{t+\Delta t}$，代入关系方程，即可推出各个时刻的瞬时流量 Q_t。

本站水位后移法简单方便，利用计算机优选后移时间，对于主要受洪水涨落影响的测站可以取得良好的效果。但是对于复式洪水绳套流量明显偏小的测站，应对复式洪水进行校正处理后方能应用。

2. *受变动回水影响的落差指数法*

落差指数法是通过优选落差指数 β，建立水位 Z 与 $\frac{Q}{(\Delta Z)^{\beta}}$ 的关系方程。因此，落差指数法的关键是优选落差 β。黄金分割法（0.618 法）是目前常用的优选 β 的方法。

（1）选定优选区间，即先确定 β 可能出现的极大值 $\beta_{\max}$ 与极小值 $\beta_{\min}$ 并在优选区间内计算出 β_1 与 β_1'

$$\left.\begin{aligned}\beta_1&=\beta_{\min}+0.382(\beta_{\max}-\beta_{\min})\\\beta_1'&=\beta_{\min}+0.618(\beta_{\max}-\beta_{\min})\end{aligned}\right\}\tag{7.12}$$

（2）用 β_1 与 β_1' 分别计算出与各实测流量点相应的 $\frac{Q}{(\Delta Z)^{\beta_1}}$ 和 $\frac{Q}{(\Delta Z)^{\beta_1'}}$，即 $q_1=\frac{Q}{(\Delta Z)^{\beta_1}}$，$q_1'=\frac{Q}{(\Delta Z)^{\beta_1'}}$。

（3）分别选配 Z-q_1 和 Z-q_1' 两个关系方程，并分别计算它们的相对标准差 S_1、S_1'。

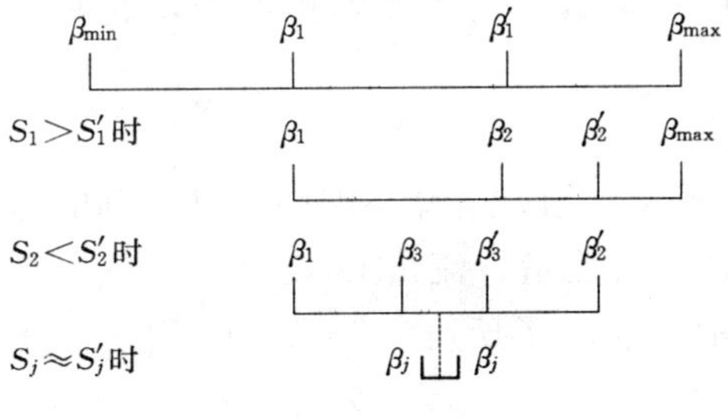

图 7.3　0.618 法优选过程

（4）比较 S_1、S_1'：若 $S_1>S_1'$ 时，则认为最优的 β 在 β_1 与 $\beta_{\max}$ 之间；若 $S_1<S_1'$ 时，则认为最优的 β 在 $\beta_{\min}$ 与 β_1' 之间，如图 7.3 所示。

（5）第二次优选时，若 $S_1>S_1'$ 时，其最优区间在在 $\beta_1\sim\beta_{\max}$，在此区间内计算 β_2 与 β_2'：

$$\left.\begin{aligned}\beta_2&=\beta_1+0.382(\beta_{\max}-\beta_1)\\\beta_2'&=\beta_1+0.618(\beta_{\max}-\beta_1)\end{aligned}\right\}\tag{7.13}$$

计算出 β_2 与 β_2' 后，再计算出 q_2、q_2'，分别选配 Z-q_2 和 Z-q_2' 两个关系方程，并分别计算它们的相对标准差 S_2、S_2'。

比较 S_2、S_2'：若 $S_2<S_2'$ 时，则认为最优的 β 在 $\beta_{\min}$（即 β_1）与 β_2' 之间；若 $S_2>S_2'$ 时，则认为最优的 β 在 β_2 与 $\beta_{\max}$ 之间，其优选区间又缩小了一些。

（6）继续计算 β_3 与 β_3'，选配方程后计算 S_3、S_3'；计算 β_4 与 β_4'，选配方程后计算 S_4、S_4'，直至 $S_j=S_j'$，此时的 β 即为所求，其相应的关系方程 $\frac{Q}{(\Delta Z)^{\beta}}$ 也确定下来。通常设定一个很小的数 δ，当 $|S_j-S_j'|\leqslant\delta$ 时，将自动停止计算，选用 S_j、S_j' 较小者所相应的 β 值，关系方程 Z-$\frac{Q}{(\Delta Z)^{\beta}}$ 也确定下来。

（7）推流时，先计算出各瞬时水位相应的落差 ΔZ，与 Z 一起代入关系方程 Z-$\frac{Q}{(\Delta Z)^{\beta}}$，求出相应流量 Q。

7.2.3　插值法

目前计算机整编水文资料中，很多用的是人工定线，输入节点，用插值法来推流、推沙和进行其他计算。所用的插值公式有拉格朗日插值公式和三阶样条函数插值公式。

1. 拉格朗日插值公式

假定已知函数 $y=f(x)$ 在 $n+1$ 个相异点 x_0、x_1、x_2、…、x_n 处的函数值 $y_0=f(x_0)$、$y_1=f(x_1)$、$y_2=f(x_2)$、…、$y_n=f(x_n)$，插值的目的就是求一个简单的函数 $\varphi(x)$，它在给定的 $n+1$ 个点 x_0、x_1、…、x_n 上取值 $\varphi(x_0)=y_0$、$\varphi(x_1)=y_1$、$\varphi(x_2)=y_2$、…、$\varphi(x_n)=y_n$，而在其他点上 $\varphi(x)$ 可以近似地代替 $f(x)$，函数 $\varphi(x)$ 称为 $f(x)$ 对于点 x_0、x_1、x_2、…、x_n 的插值函数。通常插值函数用多项式表示，所以插值函数又称为插值多项式。x_0、x_1、x_2、…、x_n 称为插值点或节点。用拉格朗日方法建立起来的插值公式，称为拉格朗日插值多项式。拉格朗日插值多项式的形式为

$$\begin{aligned}\varphi(x)=&\frac{(x-x_1)(x-x_2)\cdots(x-x_n)}{(x_0-x_1)(x_0-x_2)\cdots(x_0-x_n)}y_0\\&+\frac{(x-x_0)(x-x_2)\cdots(x-x_n)}{(x_1-x_0)(x_1-x_2)\cdots(x_1-x_n)}y_1+\cdots\\&\frac{(x-x_0)(x-x_1)\cdots(x-x_{n-1})}{(x_n-x_0)(x_n-x_1)\cdots(x_n-x_{n-1})}y_n\end{aligned}\tag{7.14}$$

若拉格朗日插值多项式中 $n=2$，拉格朗日多项式是最高次为 2 的抛物线，此时的插值公式称为抛物线插值公式。

2. 单一曲线插值公式的应用

水文资料整编中所遇到的线型，一般为直线的不多，因此电算整编中最常用到的是抛物线插值。对于一条水位流量关系曲线，水位 Z 表示自变量，流量 Q 表示因变量，若选取有 n 个节点（$n>3$），其曲线的一段如图 7.4 所示，水位 Z 所对应的流量 Q 用下式计算

$$Q=\frac{(Z-Z_i)(Z-Z_{i+1})}{(Z_{i-1}-Z_i)(Z_{i-1}-Z_{i+1})}Q_{i-1}+\frac{(Z-Z_{i-1})(Z-Z_{i+1})}{(Z_i-Z_{i-1})(Z_i-Z_{i+1})}Q_i+\frac{(Z-Z_{i-1})(Z-Z_i)}{(Z_{i+1}-Z_{i-1})(Z_{i+1}-Z_i)}Q_{i+1}\tag{7.15}$$

式（7.15）需要 3 个节点，又称为一元三点插值。

一条曲线一般选取若干个节点，插值时选取最靠近插值点的 3 点代入插值公式，因此对于一条曲线并不是一个插值公式，而是采取分段连续插值的方法把曲线所使用范围的每一水位对应的流量计算出来。

一条曲线插值时，若选取较多的节点，可以保证插值的质量。但节点太多，所占用的内存较多，且增加了穿孔的工作量，则不经济。为此要求在保证精度的前提下，尽量地减少节点数目，最少不得少于 3 个节点。

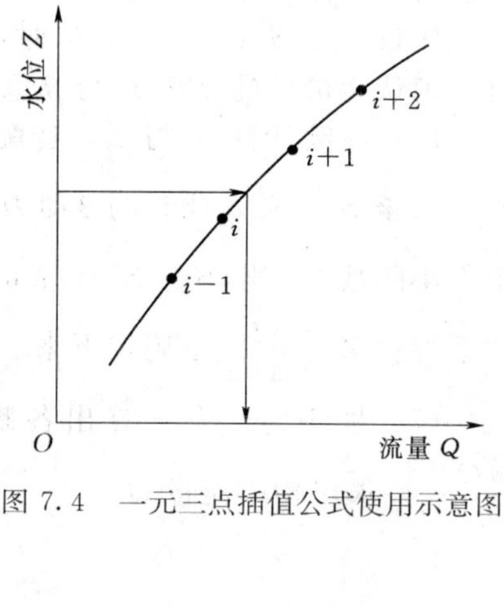

图 7.4　一元三点插值公式使用示意图

节点密度的大小，一般与所求水文要素的精度要求

有关，与曲线的曲率变化情况有关。对于一固定曲线，精度要求得越高，节点数目应越多。由于抛物线插值公式的一阶导数为直线方程，在曲率变化较大，曲率变化可能不为直线变化时应加密节点，来减少曲线曲率的不均匀变化引起的误差。

3. 在处理复杂的水位流量关系时插值公式的应用

复杂的水位流量关系曲线可以看作若干条单一曲线的组合。因此，用插值法处理复杂的水位流量关系，就是把复杂的水位流量关系曲线分解成若干条单一曲线之后分别插值。

用临时曲线法进行资料整编的测站，各个时段的临时曲线可以看作为一条条的单一曲线。而用绳套曲线法进行资料整编的测站，则应把绳套曲线分解成涨水支线和落水支线，分解时一般以峰顶峰谷作分界点，分解出的涨水、落水曲线则当成单独的单一曲线进行插值。如图7.5中的绳套曲线，可以作为6条单一曲线来推求流量。

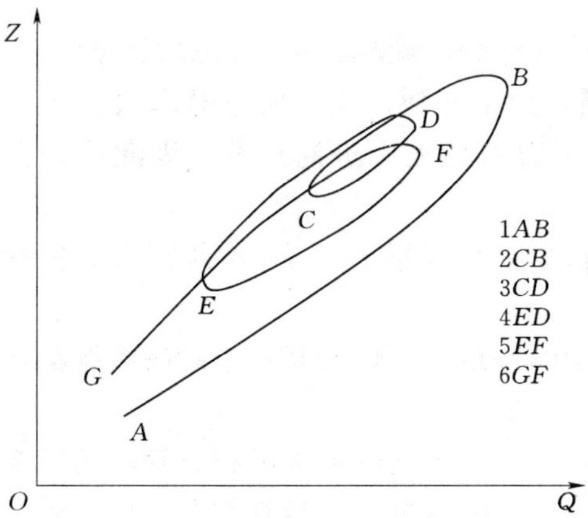

图7.5　绳套型水位流量关系曲线用插值法推流处理示意图

复杂的水位流量关系使用插值法推流的关键是分解出的一条条的单一曲线间的过渡与连接，即从一条曲线到另一条曲线的自动跳线问题。

实现自动跳线的方法很多。可以输入用每条曲线推流的次数，用某条曲线推流时，当推流次数达到给定的次数后，则自动地跳向另一条曲线推流。也可以给出每条曲线使用的时间，这样和人工进行资料整编的思路一样，在曲线使用的时段内用给定的曲线节点进行插值。也可以给予跳线的第一个水位或时间数据加上一定的信息，当用水位推求流量时判别水位含此信息，则自动地跳向下一条曲线进行推流。

通过较多数据的对比分析，一般一元三点插值基本上能满足推流的精度要求。但在曲线曲率变化较大时，两节点的中点会出现流量不连续的现象。这是因为，中点处若用两组节点代入插值公式，计算出同水位的流量数值经常不等，因此在选取节点时应尽量避免这种现象。

7.2.4　逐日平均值的计算和洪水水文要素摘录的模拟

7.2.4.1　逐日平均值的计算

逐日平均值的计算主要指逐日平均水位、逐日平均流量等的计算，在此之前必须先对时间信息进行处理。

1. 时间信息的处理

在水文信息中，时间是各水文要素都要用到的信息，因此在信息处理中，时间信息是工作量最大、花时最多的一种信息量。

时间数据的基本格式：

××　××　××·××

月　日　时　分

此数据不同于一般数据，其最大的特点是一种非单一进制、非十进制的综合信息。但是各种进制及月、日、时、分之间有着基本固定的内在联系。例如，一日为 24 小时，1 小时为 60 分钟；在没有缺测的数据中，月份是逐一递增的，而在后一个日数小于前一个日数时，两者间必有月分界；在每日 8 时都进行观测的情况下，在后一个时分小于等于前一个时分时，其间有日分界。因此，在时间信息处理和时间信息输入时，都可根据这些规律，以便减少数据加工的工作量。

在连续观测的水文信息中，时间输入往往只输入时分，此时，应进行如下处理。

（1）时分数据进制的转换。时分间为 60 进制，为了方便，输入时分时形式为××·××，即小数后为分，计算机运算时，对于高级语言习惯用十进制运算，因此首先要把 60 进制的时分处理成十进制的时分。

（2）在不缺测每日 8 时的观测的顺序时间数据中，可根据 $t_{i+1} \leqslant t_i$ 的判别式来判断日分界。

（3）根据固有的每月的天数和日、月逐一递增的特点，可以把每一个时间数据都补成××　××　××·××的形式。

（4）对时间进行运算必须把××　××　××·××形式的数据进行分解，然后变成十进制的形式方可运算。把时间数据全部变成累加形式的数据进行运算亦有可取之处。

有些测站，较长时间使用相同段次观测水位，为输入方便，把时间数据进行压缩。例如，输入时间为 20，2，8，14，11520，20808，其意思是从 1 月 15 日 20 时开始，观测段次为 2，8，14，20 四段制，到 2 月 8 日 8 时结束。相应的程序把此恢复成每日 4 个观测时间，以便使时间与水位个数相同。

2. 日平均值的计算

日平均水位的计算方法，即算术平均法和面积包围法。在计算机的处理中，为了保证精度，都采用面积包围法。

计算日平均值至少需要水文要素值和时间两组数据。为尽量减少时间数据加工的工作量，时间数据一般只输入时、分，根据时间数据的规律，就可算出各个数据的月、日、时、分来。进行这样的处理必须有这样的条件，即每日 8 时都要有数据；这样就可以把每日 0 时的水文要素值内插出来，从而用面积包围法算出日平均值。

对于月分界，一年中由于每月的天数是基本固定的，因此可以根据每月的天数来确定月分界。只是到闰年时，要给予一定的信息来确定 2 月的天数。

对于缺测、河干、连底冻等情况，在程序中可作特殊处理。处理的方法是：只要确定它们的开始和结束的时间或持续的天数，给其对应的水位赋予某一信息量，作为这些现象的特殊标记。

7.2.4.2　水文要素摘录的模拟

人工对洪水水文要素摘录时，一般要求经摘录的过程线与原过程线相似，峰形相吻合，峰顶、峰谷相符，峰量基本相等。在以上条件基本满足时要尽量减少摘录的点次。这些原则没有严格的数字界限，很难规定一数字指标。因此，用计算机进行洪水水文要素摘录时，必须对摘录的一些原则进行概化。

分析洪水水文要素摘录的要求，可以进行这样的概括，即洪水水文要素摘录的测点，应为过程线上斜率变化较大的段次中的测点，并连续地计算各段次的斜率变化，找出这样的指标，就可以满足过程线相似、峰形相吻合等条件，又能使摘录的测点不是太多。

当考虑到不同测点洪水水文要素摘录标准的统一，计算过程线的斜率变化时，用斜率变化的相对值，令斜率的相对变化率为 δ，其计算公式为

$$\delta=\left(\frac{\Delta x_2}{\Delta t_2}-\frac{\Delta x_1}{\Delta t_1}\right)\Big/\frac{\Delta x_1}{\Delta t_1} \tag{7.16}$$

式中 $\frac{\Delta x_2}{\Delta t_2}$——测点 i 到测点 $i+1$ 过程线的斜率；

$\frac{\Delta x_1}{\Delta t_1}$——测点 $i-1$ 到测点 i 过程线的斜率；

Δx_2、Δx_1——某水文要素的相邻两测点（$i-1$ 到 i 及 i 到 $i+1$ 测点）间的差值；

Δt_2、Δt_1——对应的时段。

计算出 $i-1\rightarrow i+1$ 过程线斜率的相对变化，用摘录标准 δ' 与之比较。当 $|\delta|\geqslant\delta'$ 时，说明水文要素的变化已经达到了摘录标准，这时便对相应点的水文要素进行摘录，否则不予摘录。

由于 $\frac{\Delta x_1}{\Delta t_1}$ 可能出现 0 值，则对洪水水文要素摘录判别式进行如下变换

$$\left|\Delta x_2-\frac{\Delta x_1}{\Delta t_1}\Delta t_2\right|\geqslant\left|\frac{\Delta x_1}{\Delta t_1}\Delta t_2\right|\delta' \tag{7.17}$$

若式（7.17）成立，则对 i 点的水文要素进行摘录，如图 7.6 所示。

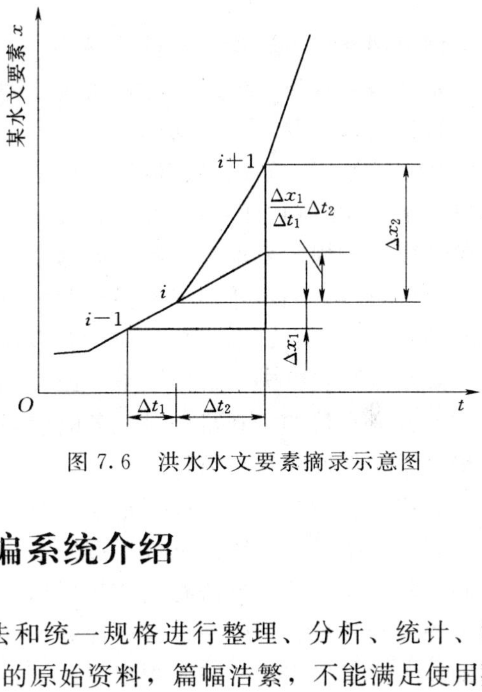

图 7.6　洪水水文要素摘录示意图

7.3　计算机整编系统介绍

水文资料整编是对原始水文资料按科学方法和统一规格进行整理、分析、统计、汇编、存储的技术工作。水文测验和水文调查所得的原始资料，篇幅浩繁，不能满足使用要求，只有按照统一的标准和规格，整理成系统的简明的图表，汇编成水文年鉴或其他形式，才能便于使用。水文资料如果采用人工整编，工作量非常巨大，因此采用计算机整编系统对水文资料进行整编。

水文资料整编系统的应用对象为全国各地区的水文单位，由于适用面广泛，而各地区的水文特性都有自己的特点，从而造成了各个地方的水文资料处理方法、成果要求、软件功能需求各不相同。因此，水文资料整编系统在功能上必须能够处理各种特性的水文数据，具备功能全面、操作简单、能够进行多功能配置、容易扩展、结构清晰、易读易懂易维护等特点，从而可以保证系统长期正常应用。

下面从系统主要功能、系统数据内容和数据结构、系统结构和系统特点等方面对计算机整编系统作简要介绍。

7.3.1 主要功能

1. GIS 管理功能

GIS 平台主要管理 5 个片区的图形、属性、图像、文本数据，能够实现测站点的增加、删除、修改、编辑、信息查询等功能；实现流域、河流、湖泊、水库等的空间和属性的管理和查询功能；实现曲线及图形绘制；实现图形的中心放大、开窗放大、缩小、漫游、全图显示等；具有面积量算和长度量算等的功能；实现 DXF 文件格式的导出及 MIF 文件格式的导入、导出、转换和转储的功能。

2. 水文资料整汇编

在系统平台下，实现整编数据录入、河道站水位流量含沙量整编、堰闸水位流量含沙量整编、潮水位整编、颗粒级配分析计算整编、降水量整编和固态存储水位降水数据处理以及汇编等模块。

河道站水位、流量、悬移质输沙率、含沙量整编：适用于天然河道或渠道上的水位站、水文站的水位、流量、悬移质输沙率、含沙量资料整编。其整编成果按规范要求形成各种数据文件，并录入数据库。

堰闸（水库）站水位、流量、悬移质输沙率、含沙量资料整编：适用于水库、堰闸、涵管等水工建筑物上的水位站、水文站的水位、流量、悬移质输沙率、含沙量资料整编。其整编成果按规范要求形成各种数据文件，并登录水文数据库。

潮位资料整编：适用于不同类型的潮位站的潮位资料整编。其整编成果按规范要求形成逐潮高低潮位表、潮位月年统计表数据文件，并登入水文数据库。

降水量资料整编：适用于全年或汛期观测的降水量资料整编。其整编成果按规范要求形成逐日降水量、降水量摘录、各时段最大降水量表（1）、各时段最大降水量表（2）等成果数据文件，并登入数据库。

悬移质泥沙颗粒级配计算整编：主要用于悬移质颗粒分析原始计算和泥沙颗粒级配整编计算。其中原始计算部分包括点配、垂配和断配计算，涉及分析方法有粒径计、吸管、离心沉降法等；计算方法有混合法、积点法、十字线法和分层混合法等。整编部分包括月年平均级配计算和月年平均粒径计算，形成该站年的实测悬移质颗粒级配成果表和月年平均颗粒级配成果表，并登入数据库。

图形处理：实现逐日平均综合过程线、瞬时水位流量含沙对照、断面图、上下游水位过程线对照等图形显示；水位流量关系曲线、单断沙关系曲线定线功能。水位流量、单沙断沙关系曲线定线软件建立了关系曲线定线管理平台，能对图形进行平移、缩放等操作，实现单一或绳套关系曲线的拟合及图形生成，提供了多种图形编辑的方法，实时计算并显示定线误差，提供不同比例及图幅大小的图形打印及 DXF 文件格式导出，其计算成果按规范要求形成各种数据文件，并录入数据库。

整编表项输入输出：录入水文整编综合数据，输出各种水文整编成果。

汇编：输出汇编数据文件格式，按照《中华人民共和国水文年鉴》排版系统 R

1989—2003的输入数据文件标准格式（纯文本），从水文数据库输出形成排版系统所需要的格式。

3. 水文资料整编报表输出

水文整编报表输出可以以测站为对象，实现某一年份GIS数据库和水文资料数据库的链接，自动生成河道水位站报表、河道水文站报表、堰闸站报表、潮位站报表、颗粒级配分析计算的整编报表、水温整编报表、水面蒸发整编报表等。数据格式以水文年鉴刊印本的格式要求为准，同时按相应的输出规范输出文本文件。并将这些报表以图像（jpg或bmp）格式保存下来，用于多媒体展示。

4. 测站水文要素相关性图形显示

测站水文要素相关性图形显示主要包括单站不同项目过程线显示输出、大断面图形不同测次的显示、相邻测站（最多4个）统一项目日平均或瞬时过程线图形分色显示等。

5. 系统安全设置

系统通过权限数据库，以及登录系统时采用的方式，确定用户类型，并自动更新菜单以及与权限相关联的内容，从而保证系统各级用户使用自己职责内的功能。

7.3.2 系统数据内容和数据结构

空间数据结构是GIS的基石，GIS就是通过这种地理空间结构建立地理图形的空间数据模型并定义各空间数据之间的关系，从而实现空间数据和属性数据的结合。本系统数据内容主要包括原始数据库、GIS平台数据库、中间数据库和成果数据库。

数据库采用SQL Server 2000（2005）或Access 2000数据库，数据库的表结构《基础水文数据库表结构及标识符标准》(SL 324—2016)。

GIS平台数据库采取的空间数据结构是基于空间实体和空间索引相结合的结构。空间实体是地理图形的抽象模型，主要包括点、线、面三种类型。任何点、线、面实体都可以用直角坐标点x，y来表示。点可以表示成一组坐标（X，Y），对于线和面，则均被表示成多组坐标（X_1，Y_1；X_2，Y_2；…；X_n，Y_n）。空间索引是查询空间实体的一种机制，通过空间索引，就能够以尽量快的速度查询到给定坐标范围内的空间实体及其所对应的数据。GIS平台数据库的空间数据结构是一种分层存放的结构。用户可以通过图形分层技术，根据自己的需求或一定的标准对各种空间实体进行分层组合，将一张地图分成不同图层。采用这种分层存放的结构，可以提高图形的搜索速度，便于各种不同数据的灵活调用、更新和管理。

点状类型：测站点、地级市以上城市等；线状类型：河堤、流向、公路、铁路等；面状类型：河流、水库、湖泊、境界等。对于不同数据类型，分别建立图层。

7.3.3 系统结构

基于GIS的水文资料整编信息系统需把GIS、数据库和各专业功能模型集成为一个整体。系统空间数据和属性数据库之间存在动态关联，利用图形库与关系数据库系统之间的动态连接，使用户在查询图形库时，可直接查询到与之相连的关系数据库中的内容，动态地获取数据库中的有关信息。

当进行属性查询时，可直接搜索、定位到地图、将数据图表与地图对应起来，同时还具有数据分析的功能，可将属性数据（水文数据）的图表（过程线等）与地图合成起来，突出测量数据的地理分布特征。

7.3.4　系统特点

（1）水文资料整汇编信息系统具有处理信息数据和空间数据的功能。

（2）水文资料整汇编信息系统将水文数据处理由单一的表格化转向地理化、图像化、报表化。

（3）水文资料整汇编信息系统提供了地理化、图形化空间动态跟踪水文现象的能力。

（4）水文资料整汇编信息系统的实现将推动水文数字地球的发展。水文数字地球是将水文信息按地理坐标集成，构筑全球水文信息模型，以全新方式处理水文各种问题，与其他信息相融合，为解决水文难题提供崭新的途径。

随着GIS应用的深入与发展，GIS受到越来越多的重视，GIS技术的发展为水文资料整汇编信息系统开发提供了机遇。水文资料整汇编信息系统是基于GIS、面向应用的管理系统，可提供集成化的、历史化的数据管理功能，支持综合性的数据分析和应用分析。本系统的设计充分考虑了用户对数据查询、分析的需求，又考虑到GIS、MIS各自的长处，提出了基于GIS的资料整编、分析和计算模式，为水文资料的管理提供了充分的数据资料和成熟的数据管理模式，以及实用模式，系统软件具备通用功能，可为工程的建设和科研项目的开展提供及时、准确的技术支持。

本　章　小　结

水文资料整编从20世纪50—80年代的手工计算、整编，到90年代采用的DOS操作系统下的软件整编，再到现在的计算机整编系统，水文资料整编软件已经进行了多次更新。通过对计算机整编系统的主要功能、数据内容和数据结构、系统结构和系统特点等方面的介绍，可以看出计算机整编系统具有完整的水文资料管理；对系统功能结构进行合理地集成和区分、功能清楚、逻辑清晰、层次分明的资料分类，便于用户录入、输出各种整编表项。系统独立的模块设计，各模块具备一套独立的处理功能，且相对独立、重复度小、维护方便。系统操作界面友好、功能强、易操作、易管理。系统支持多种格式数据的录入和支持多种格式的整编表项输出。

随着信息技术不断创新和进步，水文资料整编程序及整编工作将跨入一个新的境界，自动化、智能化、网络化等高端技术将会把水文资料整编程序打造成水文数据处理与集成的强大系统。

思　考　与　练　习

7.1　水位流量单一关系线拟合的方法有哪些？

7.2　不稳定水位流量关系线的处理方法有哪些？

7.3　插值法推求流量的计算方法和公式有哪些？

7.4　简要说明计算机整编系统有哪些主要功能？

7.5　结合实际叙述计算机整编水文资料的现状及未来发展趋势。

参考文献

[1] 牛占，陈松生，余达征，等．水文勘测工［M］．郑州：黄河水利出版社，2011.

[2] 赵志贡，荣晓明，曹浩然，等．水文测验学［M］．郑州：黄河水利出版社，2014.

[3] 林祚顶，朱春龙，余达征，等．水文现代化与水文新技术［M］．北京：中国水利水电出版社，2008.

[4] 水利电力部水利司．水文测验手册——第三册　资料整编和审查［M］．北京：水利电力出版社，1975.

[5] 马庆云．水文勘测工［M］．郑州：黄河水利出版社，1996.

[6] 谢悦波．水信息技术［M］．北京：中国水利水电出版社，2009.

[7] 周忠远，舒大兴．水文信息采集与处理［M］．南京：河海大学出版社，2005.

[8] 严义顺．水文测验学［M］．北京：水利电力出版社，1987.

[9] 张潮，黄鹤鸣，毛北平，等．国内外水文测验新技术［M］．武汉：长江出版社，2010.

[10] 中华人民共和国水利部．SL 247—2012　水文资料整编规范［S］．北京：中国水利水电出版社，2012.

[11] 中华人民共和国水利部．SL 460—2009　水文年鉴汇编刊印规范［S］．北京：中国水利水电出版社，2010.

[12] 中华人民共和国水利部．GB/T 50095—2014　水文基本术语和符号标准［S］．北京：中国计划出版社，2014.